電子・情報通信基礎シリーズ 7

柳澤　健／秋山　稔　編集
髙橋　清／志村正道

情報交換工学

池田　博昌　著

朝倉書店

はしがき

　第3ミレニアムの幕が開き，第3次産業革命，情報技術(IT)革命の大きな流れの中にあって，高度情報化社会，情報ネットワーク社会は急速に高度化の道を歩んでいる．情報交換技術は，情報ネットワークの機能ノードを構築する中核技術として，非常に重要な技術である．

　交換技術は電話とともに発展し，電磁機械式交換機からディジタル電子交換機へと進み，すでにISDNも一般家庭に普及するまでになっている．また，電話サービスは固定電話機の時代から，パーソナル，モバイルの時代の主役として携帯系電話が固定電話を上回る時代へと展開している．そのうえ，インターネットの普及によるコンピュータ通信のための交換技術やマルチメディアを効率よく扱える交換技術も重要となっている．

　本書は，大学の専門課程ではじめて情報通信，情報交換を学ぶ人たちを念頭において，伝統的な交換技術から最新の技術までを体系的に記述している．また，通信やコンピュータに関する各専門分野の基礎技術も述べており，産業界で活躍している人たちにとっても，この際情報交換技術を改めて勉強しようとする場合の入門書として十分に役立つような構成とした．

　情報交換工学を学ぶにあたり，最初に電話交換システムについて基本事項に習熟し，順次高度情報ネットワークに関する交換技術に展開して理解を進められるよう心掛けた．また，各章の冒頭にはあらましを記し，章ごとに演習問題を設けて要点が身に付くように努めた．

　第1章では，電話網を中心にその発展過程を述べ，第2章以降の詳しい内容の理解につなぐための導入部である．ネットワークの中核を担う電話交換技術の進歩を説明し，さらにISDNの導入により個別サービスから総合サービスへと展開できるようになってきた技術的な展開を述べ，それらの交換技術の進展について述べる．

第2章では，交換システムを構築している諸技術を理解するための導入部と位置づけ，交換技術に関する基本事項について習得することを目的としている．交換機の機能，電話番号の仕組み，電話網において保証されている各種品質，交換方式の分類(主に回線交換方式とパケット交換方式)，ならびに交換機の設計に重要なトラヒック理論について述べる．

　第3章では，電話交換，データ交換，マルチメディア交換に重要な働きをしている各種スイッチ回路網の仕組みを理解できるように，空間分割型通話路，時分割交換の基本技術ならびにATM(非同期転送モード)交換スイッチの基本技術について述べる．

　第4章では，最初に，電話機と交換機または交換機相互間における接続制御情報を伝達する手段である信号方式について説明する．さらに，コンピュータ間通信を理解するために必要なデータ伝送に関する各種技術ならびに各種プロトコルの仕組みについて説明する．

　第5章では，交換機における呼の接続制御技術の基本について述べ，その実現にあたりコンピュータ技術としての蓄積プログラム制御技術が重要な働きをしていることを述べ，その仕組みを説明している．

　第6章では，これまでに述べた交換技術がシステムとしてどのように構築されるかを具体例について説明している．システムとしては，NTTのネットワークで使用されている電話交換システム，N-ISDNのシステム，ATMを基本とするシステムを例に取り上げた．

　第7章では，コンピュータネットワークとしての各種システム技術の理解を深めるために，回線交換形およびパケット交換形データ交換システムおよびインターネットにおけるデータ交換のためのシステム技術を述べる．

　第8章では，多様化する通信サービスの要求に対して柔軟に対応できる新しい取組みについて，インテリジェントネットワーク，移動体通信における交換技術，ならびに光交換の基本技術について学ぶ．

　本書は，交換技術分野で永年にわたりご指導いただいている芝浦工業大学の秋山 稔教授からお誘いがあり，朝倉書店のお世話により執筆することになった．執筆にあたっては，筆者のNTT研究所における研究経験と，その後の大学での教育経験を十分に反映するよう留意した．情報交換技術は，長い歴史の上に立って最新の技術が構築されているので，基本的な技術については，朝日大学の秋丸

春夫教授と共著の『現代交換システム工学』(オーム社，1989年)を参照することに，共著者ならびにオーム社の温かいご配慮をいただいた．また，最新の技術については，NTT研究所の専門家に貴重な資料を提供いただき，多大のご協力をいただいた．なかでも，花澤 隆氏，早川 映氏，三宅 功氏，小柳恵一氏，鈴木扇太氏，齋藤 洋氏，近藤好次氏，桜沢庄治氏，平野美貴氏，葉原敬士氏(順不同)の各氏にはとくに重点的にご協力いただき，参考文献に挙げたような資料をお教えいただいた．これらの方々に深甚なる感謝を申し上げる．最後に，執筆にあたりいろいろとお世話いただいた朝倉書店編集部に感謝する．

2000年3月

池田博昌

目　　次

1. **通信ネットワークの発展と交換方式** ──────────── 1
   1.1　電話交換ネットワークの構成　1
   1.2　電話交換技術の変遷　3
   　1.2.1　手動交換　3
   　1.2.2　電磁交換　4
   　1.2.3　電子交換　6
   1.3　データ交換方式の進展　9
   　1.3.1　公衆データ通信ネットワーク　9
   　1.3.2　インターネット　10
   1.4　ISDN交換方式の進展　11
   　1.4.1　N-ISDN　11
   　1.4.2　B-ISDN　14
   演習問題　15

2. **交換技術の基本事項** ──────────────────── 16
   2.1　交換機の基本機能　16
   2.2　電話番号とルーチング　19
   　2.2.1　番号計画　19
   　2.2.2　ルーチング　21
   2.3　電話網の品質規定と交換機の設計　22
   　2.3.1　通話品質　22
   　2.3.2　接続品質　24
   　2.3.3　安定品質　25
   2.4　交換方式の分類　25

2.4.1 回線交換方式　25
   2.4.2 蓄積交換方式　26
 2.5 トラヒック理論　29
   2.5.1 呼量　30
   2.5.2 呼の生起と終了　30
   2.5.3 トラヒックモデルの分類　32
   2.5.4 即時式マルコフモデル　33
   2.5.5 待時式マルコフモデル　37
 演習問題　39

3. 交換スイッチ回路網 ―――― 41
 3.1 空間分割型通話路　41
 3.2 時分割型通話路　44
   3.2.1 PCMの原理　45
   3.2.2 多重化　46
   3.2.3 時分割交換通話路網　46
   3.2.4 網同期　50
   3.2.5 加入者回路　51
   3.2.6 トランク回路　52
 3.3 ATM系通話路　55
   3.3.1 通話路の基本動作機能　55
   3.3.2 通話路の基本モジュール　57
 演習問題　61

4. 信号方式とプロトコル ―――― 62
 4.1 電話交換のアナログ信号方式　62
   4.1.1 呼接続と信号方式　62
   4.1.2 加入者線信号方式　63
 4.2 データ伝送基本技術　66
   4.2.1 伝送制御手順　67
   4.2.2 誤り検出のための技術　69

4.2.3　誤り訂正のための技術　72
　　4.2.4　情報転送効率化の技術　74
　　4.2.5　OSI 基本参照モデル　75
　4.3　共通線信号プロトコル　78
　　4.3.1　共通線信号方式　78
　　4.3.2　信号フォーマット　79
　　4.3.3　誤り制御方式　81
　　4.3.4　呼接続シーケンス　82
　　4.3.5　共通線信号網　84
　4.4　データ交換プロトコル　86
　　4.4.1　回線交換プロトコル　86
　　4.4.2　パケット交換プロトコル　89
　　4.4.3　インターネットプロトコル(TCP/IP)　92
　4.5　ISDN プロトコル　99
　　4.5.1　ユーザ・網インタフェース　99
　　4.5.2　電気物理層(レイヤ1)の規定　101
　　4.5.3　データリンク層(レイヤ2)の規定　104
　　4.5.4　ネットワーク層(レイヤ3)の規定　105
　4.6　ATM プロトコル　108
　　4.6.1　プロトコルの構成　108
　　4.6.2　バーチャルパスとバーチャルチャネル　109
　　4.6.3　サービスカテゴリ(動作様式)　111
　　4.6.4　ATM 交換システムにおける通信品質制御　113
　　4.6.5　AAL 層の働き　113
　演習問題　116

5.　蓄積プログラム制御方式 ─────────────── 117
　5.1　制御方式の分類　117
　5.2　交換機中央処理系の構成　119
　　5.2.1　基本構成　119
　　5.2.2　中央制御装置の動作　120

5.2.3 周辺装置からの情報検出技術　120
5.2.4 マルチプロセッサシステム　121
5.3 交換機の処理ソフトウェア　123
5.3.1 交換処理ソフトウェアの機能と構成　123
5.3.2 呼処理プログラム　124
5.3.3 保守運用プログラム　127
演習問題　131

6. 電話および ISDN 交換方式 ——————— 132
6.1 ディジタル電話交換システム　132
6.1.1 D 70 形交換機のシステム構成　132
6.1.2 通話路系　134
6.1.3 制御系　135
6.2 N-ISDN システム　135
6.2.1 D 70 形 ISDN 交換機　137
6.2.2 改良 D 70 形 ISDN 交換機　139
6.3 B-ISDN システム　141
6.3.1 MHN システムの概要　142
6.3.2 MHN のモジュール構成　144
演習問題　150

7. データ交換方式 ——————————————— 151
7.1 ディジタルデータ回線交換方式　151
7.2 パケット交換システム　153
7.2.1 基本機能　153
7.2.2 D 51 形交換機　154
7.2.3 代表的な接続動作　155
7.2.4 MHN パケット交換モジュール (MHN-P)　156
7.3 インターネットシステム　157
演習問題　160

目　　次　ix

8. 通信サービスの高度化 ―――――――――――――― 161
8.1 インテリジェントネットワーク　161
8.1.1 フリーダイヤルシステム　162
8.1.2 インテリジェントネットワーク技術の進展　163
8.1.3 高度インテリジェントネットワークのシステム技術　165
8.2 移動体電話交換システム　168
8.2.1 携帯電話の網構成　169
8.2.2 携帯電話の交換制御　170
8.3 光交換システム　173
演習問題　177

演習問題解答　178
参考文献　185
付　録　188
索　引　192

1. 通信ネットワークの発展と交換方式

 情報交換工学を学ぶにあたり，最初に電話交換システムについて基本事項に習熟し，順次高度情報ネットワークに関する交換技術に展開して理解を進める構成としている．本章では，電話網を中心にその発展過程を述べ，第2章以降の詳しい内容の理解につなげることを目的としており，下記の事項を取り上げる．
(1) 電話網はどのような仕組みになっているか．
(2) 電話交換の技術はどのように進歩してきたか．
(3) 電話サービスからデータ交換への発展とその技術の展開．
(4) 個別サービスから総合サービスへの展開としてのISDNにおける交換技術の進展．

1.1 電話交換ネットワークの構成

 電話は1876年に米国のアレクサンダー・グラハム・ベルによって発明され，その後1世紀あまりを経て飛躍的に発展し，現代社会における必要不可欠な要素となっている．電話はその原名 telephone が示すように，距離を隔てて会話を可能とする手段であり，その原理は図1.1に示すように，端末の電話機とその間を結ぶ伝送路からなる．しかし，この図の構成では二つの端末間の通話に限定され，多数の端末の中の任意の組合せで通話を行うためには交換技術の導入が必要となる．もし，図1.2(a)のように n 個の端末にそれぞれ相手を選択接続する機能

図1.1 電話の基本原理

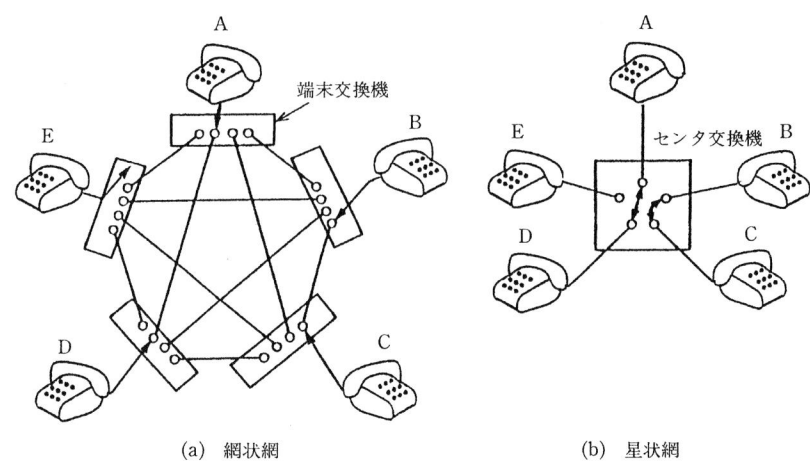

(a) 網状網　　　　　　　　(b) 星状網

図1.2　網状網と星状網

(交換機能)を具備させると，その選択装置の数は n 個，伝送路の本数は $N=n(n-1)/2$ となり，たとえば $n=1000$ でも $N=499500$ となり，端末数が多くなると伝送路数が天文学的に増大し，とても経済的に成り立たない．そこで，同図(b)のように交換機を導入することが考えられる．この場合は，伝送路の本数は $N=n$ となり，伝送路の経済化がはかれるほか，端末での相手選択機能を1台の交換機に集中化することも可能となる．端末，伝送路および交換機からなるシステムを通信ネットワーク(網)とよぶが，このように交換機は通信ネットワークの構成に重要な役割を果たす．ここで図(a)のようなネットワークを，その接続形態から**網状網**(メッシュネットワーク)，図(b)のような網を，**星状網**(スターネットワーク)とよぶ．

わが国の電話利用者の数は，現在約6000万加入であり，電話機を収容している交換機の数は，日本全国で約1600台あり，これらをすべて網状網で接続するのは経済的でないため，NTTのネットワークでは図1.3に示すような3階層の星状網を基本として構成されている．

最下層のノードは，電話機が直接収容されている加入者線交換機であり，**GC** (group center)とよばれている．加入者線交換機は，電話機からの呼の発信受付け，ダイヤル情報に基づく経路選択，着信時の呼出しなどの接続処理に加えて，加入者番号や端末サービスクラスの管理，通信料金の登算などを行う．このGC

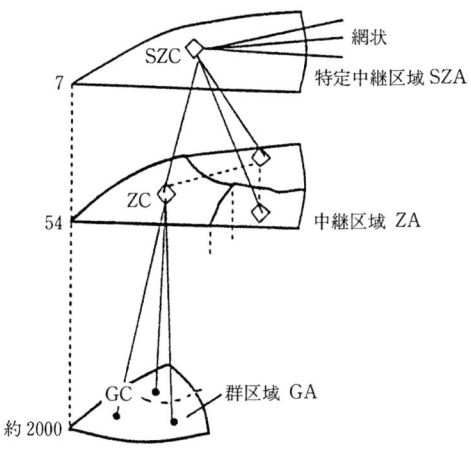

図 1.3 電話網の構成
SZC：特定中継局，ZC：中継局，GC：群局．

の規模は平均4万加入者を収容するが，地域により規模は変化している．そして，GCの管轄する地域を **GA** (group area) とよんでいる．

GC面の一つ上位の階層はZC面とよばれ，中継交換機（交換機と交換機を接続する交換機）が設置されている **ZC** (zone center) で構成されている．また，ZCの管轄する地域を **ZA** (zone area) とよんでおり，ほぼ県内通信をつかさどる領域で，全国が54のZAに分けられている．ZCの機能は，県内のGC間トラヒックを折返し中継することと，県外へ/からのトラヒックを上位の**SZC**に中継接続することである．

最上位の階層には，SZC (special zone center) があり，県間のトラヒックを中継する中継交換機が配置されている．全国は七つの**SZA** (special zone area) に分けられている．

1.2 電話交換技術の変遷

1.2.1 手動交換

電話が発明され，人類が距離を超えて会話する手段を獲得すると，この手段を用いて任意の相手を選択して通話をしようという欲求が必然的に生じた．電話発

明の翌年（1877年）には，簡単な切換器を用いた手動交換機によりボストンで交換業務が開始された．

手動交換機は，交換手が介入して所望の電話機間を接続するもので，磁石式と共電式が実用化された．前者は，加入者が電話機のハンドルを回すと発電機からの信号により電磁式の表示器で発信を表示する．後者は，すべての電源を交換局に集中し，加入者の受話器の上げ下ろしを交換台のランプに表示するものである．

わが国では，1877年にはじめて2台の電話機が輸入され，1890年に東京と横浜で約220名の加入者に対して交換業務が開始され，1926年の自動交換機導入まで手動全盛時代が続いた．

1.2.2 電磁交換

19世紀後半の機械技術の進歩にともない交換機の自動化が試みられ，電磁機構やリレーを用いた**自動交換機**が各国で実用化された．これらは，後述する電子交換機と区別して**電磁交換機**とよばれる．

a. ステップバイステップ方式

米国のA.B.ストロージャが自動交換機の特許を1891年に得ている．世界最初の自動交換局は，1892年，米国のラ・ポート市で開局した．ストロージャ方式は加入者からのダイヤル信号で10進式のセレクタ（選択機）を直接駆動して所望の電話機への接続を行う．このように，通話路を逐次設定するものを**ステップバイステップ**（S×S：step by step）**方式**とよぶ．図1.4に交換方式の概念図を示す．

わが国では，1923年の関東大震災により東京，横浜の手動交換施設が壊滅し，

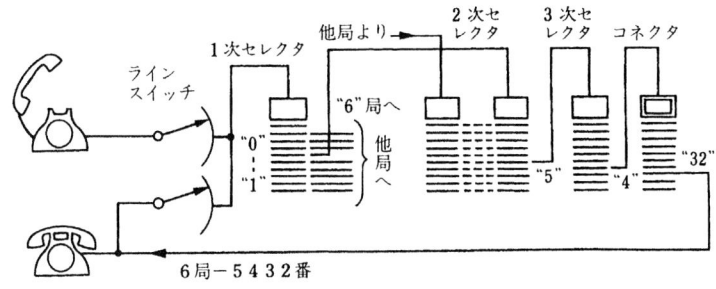

図1.4 ステップバイステップ交換方式の概念図[1]

その復興を機に自動交換機が導入された．最初両都市にそれぞれストロージャとジーメンスのS×S方式が導入されたが，1930年代にはこれらの国産化を進めてA形，H形として標準化された．第二次世界大戦で壊滅的な打撃を受けたわが国の電話ネットワークは，戦後の復興もA形，H形の2方式で進められ，共存状態がクロスバ交換方式の導入まで続いた．

b. クロスバ交換方式

S×S方式では，出線の選択が10回線に限定されること，ダイヤルの桁ごとに空き回線の選択を行うなど，回線構成上いくつかの問題があり，大規模ネットワークへの発展，全国市外ダイヤル化に向けて抜本的な交換方式の改革が必要となり，機構的に簡単でかつ融通性の大きな**クロスバ交換方式**が登場してきた．

クロスバスイッチの原理は古く，1901年に米国のH.J.ロバートにより最初の特許が出願され，1915年にJ.N.レイノルズにより実用スイッチの原形がつくられた．

クロスバスイッチは，図1.5のように，縦横にバーがあり，対応するバーの駆動により交差点の接点が閉じる構成となっている．セレクタなどに比べて，摺動部分がなく，機構が簡単なため，長寿命で保守容易という利点がある．しかし，クロスバスイッチ自体は選択機能をもたないため，リレー装置で制御する必要があるが，制御装置を多くのスイッチに共通的に使用する共通制御方式が採用されている．この方式では，共通制御装置に複雑な蓄積変換機能を具備させることが経済的にできるようになった．この段階から，交換機は，通話を通す通話路系

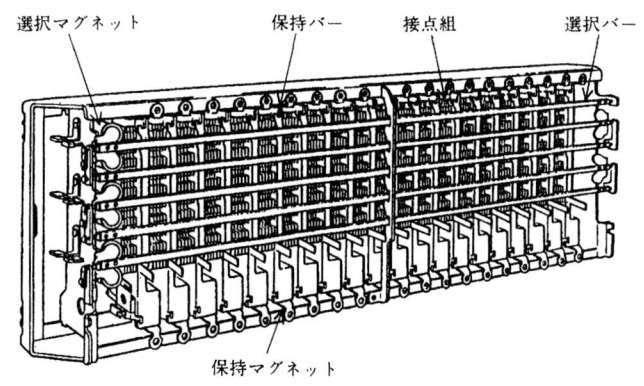

図1.5　クロスバスイッチの構造[1]

と，これを制御する共通制御系とから構成されるようになった．共通制御に対して，S×Sなどの方式は単独制御方式とよばれる．

わが国では，全国電話ネットワークのダイヤル化を進めるにあたって，1953年にクロスバ方式の採用が決定され，1956年には最初の国産クロスバ交換機（小局用）が三和局で開局し，1958年には市内用のC45形クロスバ交換機が府中局で開局した．また，中継交換用としてC5形交換機が実用化された．その後，S×S方式よりも経済的でかつ高度の機能をもった完全共通制御形のC400形クロスバ交換機が，1966年に実用化され，わが国の市内用交換機として広く導入された．

一方，市外交換用中継交換機としては，2線式通話路のC63形，4線式通話路のC82形クロスバ交換機が1950年代に実用化され，これらは全国ダイヤル電話ネットワークの完成に大きな役割を果たした．

1.2.3 電子交換

電子計算機の分野では，1945年に米国のフォン・ノイマンが**蓄積プログラム制御**（SPC：stored program control）の思想を発表し，1948年のトランジスタの発明と相まって飛躍的な進歩がはじまった．

クロスバ交換機までは電磁機械式交換機であったが，交換機を電子化する試みは20世紀のはじめから各国で散発的に行われてきた．電子化のアプローチは，通話路系，制御系それぞれについて種々の取組みがなされた．クロスバ交換機で導入された共通制御装置に，コンピュータ技術を適用し，通話路系は電磁機械式のものを用いるSPC交換方式が最初に実用化され，ついで通話路系の電子化がディジタル伝送方式の進展にともない実用化の運びとなった．

SPC方式は，最近のコンピュータでは常識となっている技術であり，プログラムをメモリに記憶しておき，これに従って処理を行うもので，ソフトウェア（プログラム）とハードウェア（計算機本体）を分離して取り扱うことができ，ソフトウェアの入換えにより同一のハードウェアで各種の機能を実現できる．これに対して，リレーや電子回路などのハードウェア自体で機能を実現するものを**布線論理制御**（WLC：wired logic control）という．

a. 空間分割方式（アナログ交換）

米国のベル研究所では，1954年にSPC方式を電子交換機に導入することを着想し，世界初の大局用商用電子交換機No.1 ESSが1965年にイリノイ州サカサ

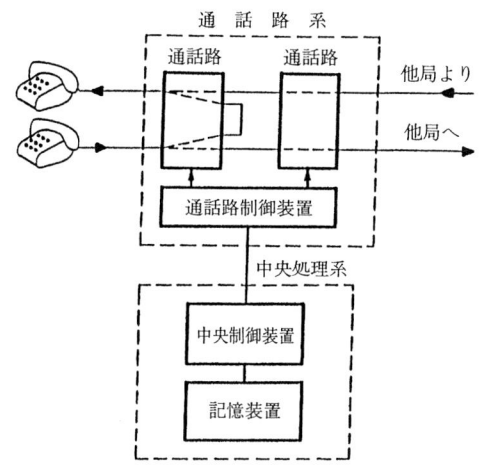

図 1.6　空間分割型 SPC 電子交換機の構成

ナで開局した．No.1 ESS は通話路にフェリードスイッチを用いた空間分割方式で，これを契機として当時模索期にあった各国の電子交換研究は一斉にこの方式の実用化に取り組むこととなった．図 1.6 に空間分割型 SPC 電子交換機の構成を示す．

わが国では，日本電信電話公社（電電公社，現 NTT）が空間分割型 SPC 方式の実験機 DEX-1 を 1965 年に試作し，これを基礎として，1972 年に大局用の D10 形交換機が実用化された．また，中局用として 1975 年に D20 形交換機が実用化され，大局用とともに D 形交換機として系列化された．

SPC 方式は新サービスに対する優れた融通性があり，共通線信号方式と組み合わせた自動車電話交換システムが実用化され，1970 年からサービスが開始された．

空間分割型電子交換機は，ネットワークのディジタル化の進展にともない，1997 年末をもって，ディジタル交換機に世代交代してサービスを停止した．

b.　時分割方式（ディジタル交換）

交換機の通話路を電子化する試みは，1940 年代からはじまっているが，この時代では通話路の素子として放電管や真空管を使用することとなるので，経済性の面からこれまでのスイッチを使用したタイプには太刀打ちできなかった．そこで，一つの素子を時間的に分割して多くの通話を運ばせようとする方式（時分割

型通話路)が提案された．1948年にトランジスタが発明され，伝送方式としてPCM方式(pulse code modulation：パルス符号変調)が実用化されるようになり，交換通話路の電子化は，PCM交換を行う，時分割型ディジタル交換が主流となった．

時分割方式の商用機として，1965年にベル研究所がNo.101 ESSを実用化した．これは構内交換(PBX：private branch exchange)を集中化した，いわゆるセントレックスを対象としたもので，ビル(構内)に設置されたPAM(pulse amplitude modulation)通話路を電話局の処理装置から遠隔制御する方式であった．さらに，ベルシステムでは1977年にPCM通話路を用いるNo.4 ESS(市外用)やNo.5 ESS(市内用)を実用化し，ヨーロッパでもフランスのE10形をはじめ各種の方式が商用化された．

わが国では1966年に電電公社がDEX-T1を試作し，PCM統合網の実験を行い性能的には初期の目標を達成したが，当時の部品技術では経済性に問題があり実用化を見合わせていた．その後，LSI (large scale integrated circuit：大規模

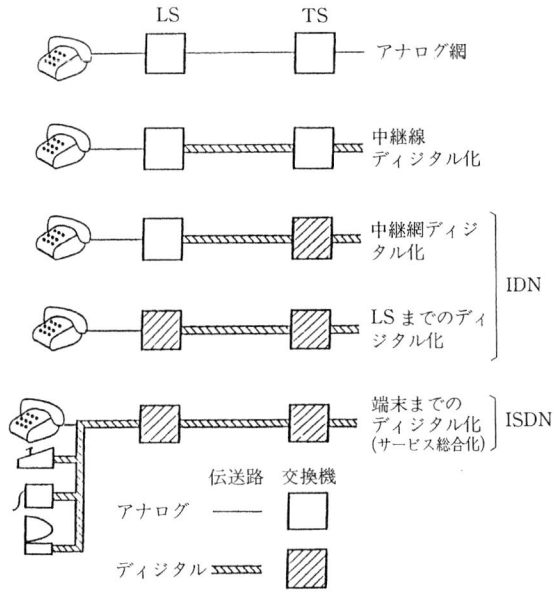

図1.7 電話ネットワークディジタル化の発展形態

集積回路)やディジタル技術の進歩を取り入れて研究が再開され，1981年に電話用のD60形(市外中継交換用)，1983年にD70形(加入者線交換機)が導入されるようになった．ネットワークのディジタル化は，通話品質の向上，通信コストの低減に大きな貢献をし，伝送路・交換機ともにディジタル化が進み，1997年末には電話ネットワークはすべてディジタル化されるに及んだ．

ネットワークのディジタル化の進展を整理すると，1965年までは，わが国の電話ネットワークは音声信号を効率よく伝送・交換するアナログネットワークとして，大規模なネットワークに発展してきた．1965年に近距離伝送路にPCM方式がはじめて導入され，以後，ディジタル技術の急速な進歩により長距離ディジタル伝送路も経済的になり，アナログ伝送路に代わって導入されるようになった．一方，交換機についても，LSIの進歩により通話路のディジタル化が経済的に実現できるようになり，伝送路からのディジタル信号をそのまま交換接続できる**ディジタル統合網**(IDN：integrated digital network)が構築できるようになった．図1.7に電話ネットワークディジタル化の発展形態を示す．

1.3 データ交換方式の進展

1.3.1 公衆データ通信ネットワーク

電話サービスの展開と並行して，ビジネスに必要となるデータの伝送のために，1956年から50 b/s (bit per second)の加入電信サービスが提供されていた．さらに，企業活動の高度化にともない，より高速のデータを送受する必要から，アナログネットワークを利用するデータ伝送・交換技術が発展した．

電話交換ネットワークを利用してディジタルデータを送受する場合，電話ネットワークが音声帯域の情報を通信するために最適設計されているので，接続に時間がかかりすぎる，伝送品質が悪い場合がある，高速のデータ通信が困難であるなどの問題が生じる．そこで，1970年代に入り，データ通信に適した高速・高品質で多彩なサービス機能をもつディジタルデータ交換ネットワークの必要性が提起され，開発が進められた．このニーズは，世界各国とも高く，関連する国際標準が国際間で合意され，各国でディジタルデータ交換ネットワークが構築された．

ディジタルデータ交換には，回線交換方式とパケット交換方式の2方式があ

る．前者は，電話と同様に呼の開始から終了まで専用の通信路を対地間に設定して情報を伝達する．この方式は，回線を保留している間課金されるので，回線を高能率で使用できる場合に適する．これに対して，後者は情報を約2000ビット程度のパケット（小包）にまとめ，宛先をつけて対地に送達する一種の蓄積交換方式であり，パケット単位の課金が行われるので比較的使用頻度の低い用途に対しても回線を多重利用して経済化できる利点がある．

　日本では，電電公社により，1979年にDDX (digital data exchange) ディジタル回線交換サービスがD50形回線交換機により開始された．回線交換サービスは，データ通信用のディジタル統合網によって提供され，50 b/s～48 kb/sのデータ通信を可能とする．また，1980年からDDXパケット交換サービスがD50形およびD51形パケット交換機により提供された．パケット交換サービスは，200 b/s～48 kb/sの加入者線速度のデータを扱い，網内でパケット単位の蓄積交換を行うため，異速度端末間や異種プロトコル端末間の通信も可能となる特徴をもつ．DDXパケット交換網ではパケット長を当初256オクテット（バイトともいう．2048ビット）としていたが，その後，長電文の効率的転送を可能とするため4096オクテットまでのロングパケット機能もサービスに追加されている．1982年からは，KDDにより国際パケット通信を主目的としたVENUS-Pがサービスを開始した．

　回線交換サービスは，つぎに述べるISDNサービスが1988年に開始されると，64 kb/s以下の速度が電話並みの通信料金で提供されるようになり，データ交換網に比べて安価となったので，需要が急速に低下するに及んだ．

1.3.2　インターネット

　1990年代後半になって，**インターネット**が電子メールやファイル転送のために，またマルチメディア情報の伝送に便利に使うことができ，さらに情報発信のメディアとしても有効であることから，急速に普及するようになってきた．

　いわゆる「交換」という言葉からは，コネクションを確立して通信する技術と考えられてきたが，近年のインターネットの普及を考慮し，簡単に取り上げることとする．

　インターネットは米国 ARPA (Advanced Research Project Agency) ネットワークにおいて1969年に主として軍用のコンピュータネットワークを目的に導

入され，パケット通信技術の最初のシステムとなった．当時のネットワークはアナログネットワークが基本であり，伝送速度をそれほど高速にすることはむずかしく，伝送品質もあまりよくなかった．さらに，軍用を狙うため伝送路が途中で切断されても情報を確実に着信側に送り届ける方式が望まれた．この目的のもとに開発された通信方式がパケット通信である．その後，大学・研究機関を相互に結ぶ学術研究用のネットワークとして米国を中心に発展してきたが，冷戦の終結にともないこれを商用に提供することが認められるようになっている．

日本では，大学・研究機関で，インターネットへの接続の気運が盛り上がり，1985年のネットワーク開放から急速に普及するようになった．

さらに，1989年にヨーロッパ粒子物理学研究所の研究員によって開発されたハイパーテキスト形式のサーバ (**WWW** : World-Wide Web)，1993年に米国イリノイ大学の学生の開発した情報閲覧ソフト Mosaic によって，マルチメディア情報によるインターネットの利用が盛んになってきた．WWW が広く普及するきっかけとなったのは，1995年 Netscape Communications によるネットスケープナビゲータのリリースである．ユーザインタフェースに優れたネットスケープの出現により，一般家庭をも巻き込み一気に WWW ユーザが増加し，これがインターネットの拡大，発展にも大きく寄与している．その結果，1999年夏にはインターネットの利用者は全世界で1億5000万人を超え，ホストコンピュータは5600万台を超えているといわれている．

商用サービスの初期にあっては，プロバイダまでの回線として電話網が使用されていたが，1996年末から NTT の OCN (Open Computer Network) をはじめとして各通信事業者が，**ベストエフォート形**のインターネットに特化したネットワークサービスの提供を開始し，さらにアクセスネットワークとして ISDN を利用することが，速度・品質の点で好ましいので，急速に普及してきた．インターネットは，TCP/IP というプロトコルで，コネクションレス形のパケットで情報を伝送するようになっている．

1.4　ISDN 交換方式の進展

1.4.1　N-ISDN

これまでに述べてきたように，1980年代前半までは，電話網，加入電信網，

回線交換データ網，パケット交換データ網とサービス別に専用のネットワークが構築されてきた．ネットワークのディジタル化が進展すると，音声，データ，画像などをディジタル情報として統合化してサービスを提供できる新しいネットワーク概念が提唱され，1970年代から国際電信電話諮問委員会（CCITT*，現在のITU-T）で検討が進められた．

このようなネットワークを「**サービス総合ディジタル網（ISDN : integrated services digital network)**」とよぶこととし，国際的な合意に基づいて開発・導入しようとの気運が高まり，1980年代に入ってCCITTでの規定により，ISDNとは「送受信端末が，標準化されたユーザ・網インタフェースを介して，ディジタル接続できる機能を備えたサービス総合的な通信ネットワーク」と定義された．図1.7は電話ネットワークディジタル化の究極形態で，加入者線交換機から加入者宅内までもディジタル伝送路で結ばれる形態であり，つぎのような特徴がある．

(1) 同一のディジタル加入者線によって，各種のディジタル通信サービスを標準化された通信規約（プロトコル）のもとで受けることができる．
(2) 端末-端末間の，高速でトランスペアレントな（透過性のよい）ディジタル通信が経済的に実現できる．
(3) 通信内容とは別に，豊富な信号をユーザとネットワークの間で伝送することができ，通信の利便を大きく向上できる．

このようなISDNを実現するために，ITU-Tでは基本インタフェースと1次群インタフェースの2種類のユーザ・網インタフェースを標準化している．

基本インタフェースは，当面の通信サービスが電話であり，通信網のなかでもコスト的に比率の高い既存のメタリック加入者線をなるべくそのまま利用できることを狙いとして，電話のPCMの伝送速度である64 kb/sをベースに設計されている．ユーザに提供される情報の速度は，既存のメタリック加入者線の伝送特性を考慮して，2B+Dの加入者線ディジタル多重化が採用されている．Bは情報伝送用の64 kb/sチャネル，Dは主として制御信号伝達用の16 kb/sチャネルである．

1次群インタフェースは，構内交換機への多重通信接続や高速通信サービスが

---

*CCITT : Comité Consultatif International des Télégraphique et Téléphonique (仏語). International Telegraph and Telephone Consultative Committee (英語).

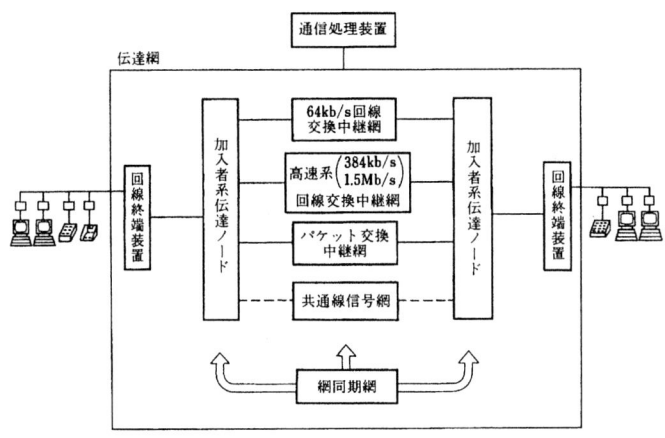

図 1.8 ISDN の概念図[1]

必要な場合を考慮したもので，加入者線には光ファイバによる高速伝送技術をとりいれたインタフェースである．その場合の伝送速度は PCM 1 次群速度である 1.5 Mb/s（日米系）となっている．このような 2 種類のインタフェースを提供できるネットワークの基本構成を図 1.8 に示す．

加入者系伝達ノードでは，上記 2 種類のインタフェースを収容し総合的にサービスを提供するが，中継系は，低速系（電話，ファクシミリなどの 64 kb/s 系）と高速系（高速データ，動画像など）のように速度差の大きいもの，回線交換とパケット交換のように処理面に差異のあるものは分離して構成するのが一般的である．

わが国では，NTT により 1988 年 4 月に基本インタフェースのサービスが，1989 年 6 月に 1 次群インタフェースのサービスが，さらに 1990 年 6 月には INS-P とよばれるパケット通信サービスがそれぞれ開始された．これらのサービスは，電話用ディジタル交換機 D70 形を母体として，ISDN 機能を追加して提供されている．ISDN サービスは，コンピュータ通信やインターネットへの接続に便利なため，1995 年以降急速に利用者が増加している．

この ISDN は，次項に述べる高速広帯域 ISDN に対し，音声，テキスト，データ，静止画像などの比較的狭い周波数帯域幅の情報を対象にした低速度の ISDN であり，狭帯域 ISDN（**N-ISDN**：narrowband ISDN）ともよばれる．

1.4.2 B-ISDN

N-ISDNにおける64 kb/s系と，1.5 Mb/sレベルの高速広帯域系とでは，適用技術，需要分布，トラヒック特性などが大幅に異なるため，中継系のネットワークはそれぞれ別個のネットワークとして構成されてきた．しかし，通信メディアの多様化が進展し，高速ファイル転送，高精細映像通信などを自由に行えるように，数十Mb/s以上の情報の扱える高速広帯域ネットワークへの要望がますます高まり，しかも多様な速度に対して一つのネットワークで対応できることが望まれた．このような要求に応える伝達技術として，回線交換，パケット交換とは異なる技術の研究が各国で進められた．なかでも，1980年代後半にフランスで提案された**非同期転送モード**(ATM：asynchronous transfer mode)は，その骨格をなす技術であり，1988年にはCCITTで**ATM**という名称が国際的な標準用語として定められた．ATMでは，ディジタル化された音声，データ，映像情報をセルとよばれる固定長(48バイト)のブロックに分解し，各セルには宛先を書いたヘッダ(5バイト)をつけて送出する．ネットワークの内部では，伝送すべき情報の種別によらずすべてセル単位で送られ，その伝送密度を変えることにより，一つのネットワークでマルチメディア情報に対処することができる．図1.9にATMネットワークの概念図を示す．

ATMネットワークでは，高速情報伝送を可能とするために，極力簡略化され

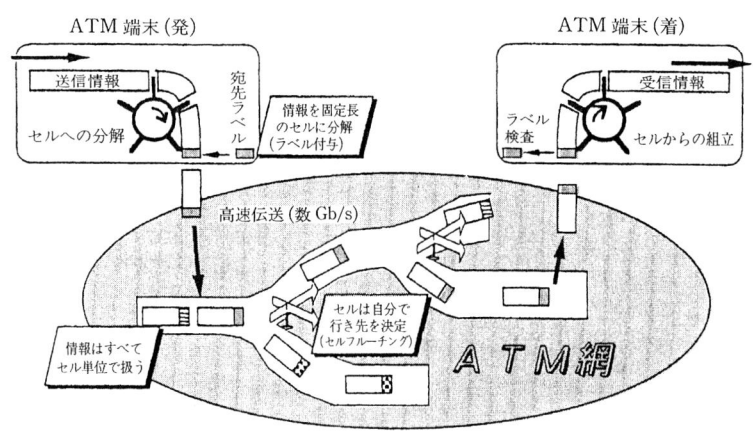

図1.9　ATMネットワークの概念図

たプロトコル処理と高速で動作するスイッチによって情報転送を行い，誤り制御やフロー制御などは送受端末相互間の制御にまかせる．このネットワークは，**B-ISDN** (broadband ISDN) とよばれる．ATM と対比して，従来の周期形 (125 μs) フレーム構造を基本とする方式を，**同期転送モード**（**STM** : synchronous transfer mode) とよんでいる．

わが国では，NTT により 1994 年 11 月にセルリレーサービス（一種の高速データ伝送サービス）として，ユーザニーズに合わせた各種速度の ATM サービスが開始された．その後，ニーズの多様化にともない，多くの通信事業者によって，多彩なサービス内容に展開されている．最近では，各種のマルチメディアネットワークやギガビットネットワークのバックボーンとしての導入が進んできている．

演習問題

(1) 電話交換技術の進歩をネットワークサービスの高度化と関連づけて述べよ．
(2) ①〜④ と ⓐ〜ⓕ の関係あるものを結べ．
① 手動交換　② 電磁交換　③ アナログ電子交換　④ ディジタル交換
ⓐ クロスバ方式　ⓑ 共電式　ⓒ 蓄積プログラム制御　ⓓ ステップバイステップ方式　ⓔ 交換扱者　ⓕ PCM
(3) 伝送技術および交換技術の進歩と整合のとれたネットワークディジタル化のステップを説明せよ．
(4) インターネットの歴史的な展開を述べよ．
(5) N-ISDN の概念を図を用いて説明せよ．
(6) ATM ネットワークの概念を図を用いて説明せよ．

2. 交換技術の基本事項

　本章では，交換システムを構築している諸技術を理解するための導入部として，交換技術に関する基本事項について習得することを目的としており，下記の事項を取り上げている．
- (1) 交換機はどのような機能をもっているか．
- (2) 交換接続にあたり電話番号はどのような働きをしているか．
- (3) 電話交換をするにあたり，どのような品質を保証しなければならないか．
- (4) 電話交換の基本となる回線交換方式やデータ交換の基本となる蓄積交換（パケット交換が代表的）方式はどのような仕組みになっているか．
- (5) 交換機の設計に重要なトラヒック理論とはどのような理論体系か．

2.1 交換機の基本機能

　交換機は，多数の加入者線や中継線を収容して，それらの間の交換接続を行う装置である．交換機には，加入者線を収容する加入者線交換機と中継回線間の交換接続を行う中継交換機がある．ここでは，加入者線交換機を例にとり，交換機の基本機能を述べよう．

　図2.1に加入者線交換機の基本構成を示す．図からわかるように，交換機は，通話を運ぶための通話路系システム (speech path system) と，それを制御する制御系システム (control system) とから構成される．そして，この制御装置は高速に動作する一種のコンピュータであり，以下に示すような交換処理を 1 call at a time に処理を行う，いわゆる共通制御方式が採用されている．

　いま，電話機Aから電話機Bに電話をかける場合を考えよう．このとき，個々の通信を**呼**（「よび」または「こ」：call）といい，Aを発呼者 (calling party)，Bを被呼者 (called party) という．加入者線は交換機の入口で加入者

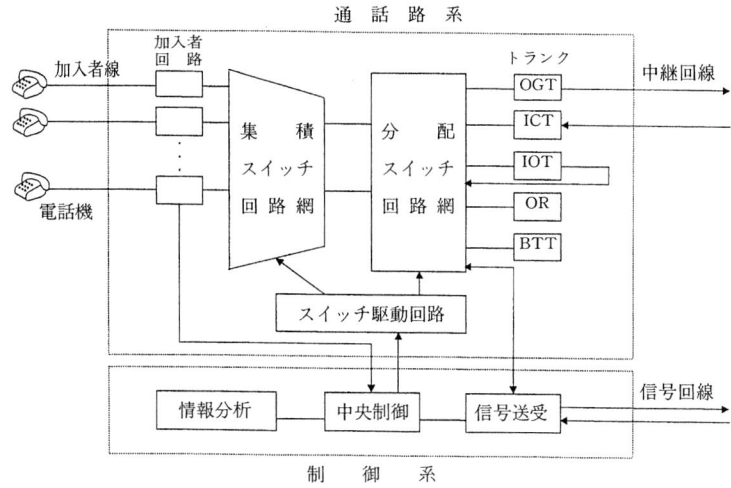

図 2.1 加入者線交換機の基本構成

回路に接続されており，電話機の受話器を上げたこと (off hook) をこの加入者回路で検出し，制御装置に通知する．制御装置は，この加入者線をスイッチ回路網を介して発信レジスタ (OR: originating register) に接続する．この段階で，発信レジスタから発信音 (dial tone) が送出され，ダイヤルを受信する準備のできたことを加入者に知らせる．この接続動作を起呼接続という．

つづいて発呼者はダイヤルを用いて被呼者 B に相当する番号を交換機へ送り，発信レジスタはこれを検出すると制御装置に通知する．制御装置はこの情報に基づき，被呼電話機の状態を調べ，空き (idle) 状態であれば，自局内トランク (IOT: intra-office trunk) を介して，被呼者への接続を行い，呼出し信号を送りベルを鳴らす．このとき，発呼者へは呼出音が送り返される．この接続動作を自局内接続という．そして，被呼者が応答すると，自局内通話が行われるようになり，制御装置は発呼者に対して通話料金の課金を開始する．また，被呼電話機 B が使用中 (busy) 状態であれば，発呼加入者線を話中音 (busy tone) トランクに接続し，話中音を送出する．この一連の交換接続機能をフローチャートで示すと図 2.2 のようになる．

電話をかける相手が異なる交換機に収容されている場合には，ダイヤル情報を分析した結果により，被呼電話機の収容されている交換機 (着信局) への中継回

18   2. 交換技術の基本事項

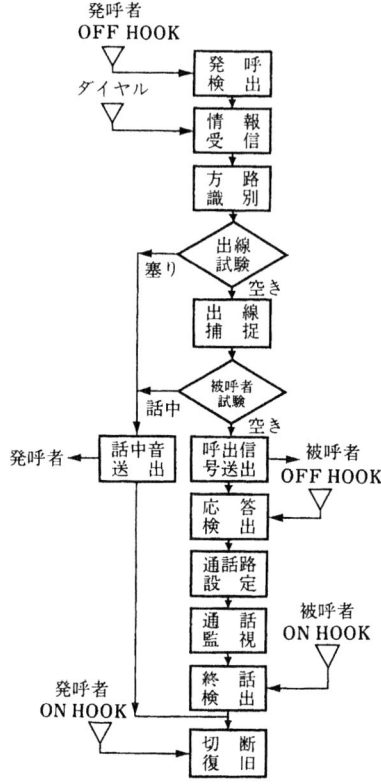

図 2.2 交換機の基本機能[1]

線の一つを選択し，出トランク（OGT : out going trunk）を介して接続する．同時に信号装置を通して，着信局に向けてダイヤル情報を転送する．この接続動作を発信接続という．一方，他の交換機から中継線を通して着信した呼は，入トランク（ICT : in coming trunk）を介して接続され，被呼電話機が呼び出される．この接続動作を着信接続という．

上述の自局内トランク，話中音トランク，出トランク，入トランクなどは，接続されている電話機の終話などを監視・検出する機能を備えている．

交換機の基本機能を要約すると，端末または回線の間に必要に応じて通話路を設定する機能，料金徴収に関する機能，ダイヤル110番や各種トーキ回路への接続を行う特殊サービス接続などの各種の機能となる．さらに，交換機能をつねに

安定に提供できるように，故障や災害時に備えて保守・運用面の各種オペレーション機能が付加されている．

2.2 電話番号とルーチング

前節で述べたように，電話をかける相手が異なる交換機に収容されている場合には，出トランクを介して中継回線の一つを選択し，接続する．この際に，選択する中継線はダイヤル情報から決定される．このように電話の接続に際して，電話番号は重要な役目をもっている．さらに，発信局から着信局への中継線のルートは，種々のトラヒック状態のもとで安定に接続できるように複数のルートがあり，必ずしも一義的に決まっているわけではない．そのなかから，望ましいルートを選択する制御技術を**ルーチング**とよぶ．

2.2.1 番号計画

端末の電話機を識別するための番号付与を番号計画といい，**閉鎖番号方式**と**開放番号方式**がある．前者は通信網全体に一義的に番号付与を行うもので，この方式を全国に適用すると，市内も市外も同一番号を用いることができるが，桁数が多くなり頻繁にかける市内通話の場合に不便である．後者は一定の区域ごとに閉鎖番号方式を採用し，この区域の内外で番号体系を変えるものである．

わが国（NTT）では市内を閉鎖番号区域に対応させ，市外通話に対しては識別番号（プレフィックス）「0」を用いる開放番号方式を採用している．すなわち，全国番号は

0＋市外番号＋市内局番号＋加入者番号

で構成され，「0」を除き最大 9 桁となっている．加入者番号は 4 桁に統一されているから，市外番号＋市内局番号を 5 桁以内にする必要がある．そのため加入者数の多い大都市ほど市外番号を少ない桁数とし，たとえば，東京「03」大阪「06」名古屋「052」のように付与してある．「0」を除く 9 桁の全国番号は最初から A, B, C, …, J コードとよばれ，A コードは北から 1～9 が付与されている（図 2.3 参照）．

市内局番号の第 1 数字は「2～9」とし，「1XY」（110, 119 など）が特番として用いられる．このほかに，携帯電話へは「090」，フリーダイヤルサービスには

20   2. 交換技術の基本事項

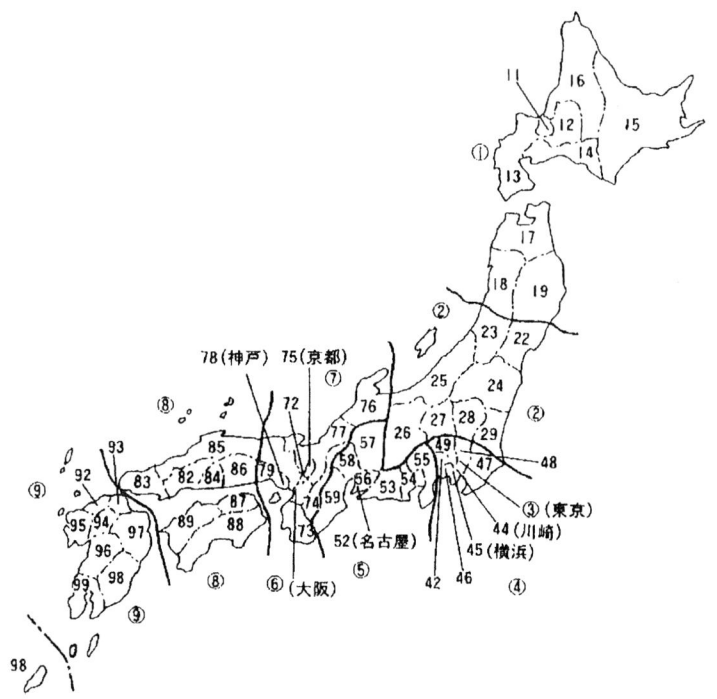

図 2.3　全国電話番号計画[3]

「0120」など，特殊なサービス識別番号も使われる．

なお，NTT の加入者からほかの通信事業者のネットワークを経由して市外接続を行う場合，開放識別番号として「$00Z_1Z_2$」（Z_1Z_2＝事業者識別番号）が用いられる．また，国際ダイヤル用のプレフィックスとしては「00XY」が用いられ，KDD 回線への接続には「001」などが，他の事業者への接続には「0041」や「0061」などが用いられる．

近年，企業のダイヤルイン，ポケットベル，携帯電話，その他の新電話サービスなど電話番号を多く使うようになってきたため，これまでの国内 10 桁，国際 12 桁（国番号＋国内番号）では，番号の容量に限界が見えてきた．この動向は世界的なもので，国際連合の下部組織である **ITU-T**（国際電気通信連合・電気通信標準化部門）が制定した勧告 E-164 により，1997 年 1 月 1 日から国際番号で最大 15 桁以内であれば通信に支障をきたさないように，各国の電話サービス網

が変更されている．

国内の番号で桁数が増えたのは，携帯電話，PHS (personal handy-phone system) の番号で，1999年1月1日から11桁に変わったのが最初である．

2.2.2 ルーチング

わが国の電話網は図1.3のような階層構成となっており，帯域階層の上位局に対する回線およびSZC相互間を結ぶ回線を基幹回線といい，その他の区間に設けられたものを斜め回線と称する．

発局から着局への経路（ルート）を選択し接続を行うことをルーチングという．あるルートが全塞りのとき，ほかのルートを通して接続することを迂回中継という．迂回中継のアルゴリズムとして**遠近回転法** (far-to-near rotation) を採用している．これは，神戸から横浜に接続する例について図2.4 (a) に番号をつけて示すように，遠い対地への回線から順次近い中継局への回線を選択するもので，このアルゴリズムを各中継局が独立に採用することにより，同一ルートの往復やループ接続などの不都合を回避できる．

遠近回転法のように，あらかじめ定められた規則に従うものを**固定ルーチング**，交換点や回線の輻輳状況に応じてアルゴリズムを変更するものを**適応ルーチング**という．これまで，アナログ網を主体に設計されてきた電話網では制御が簡

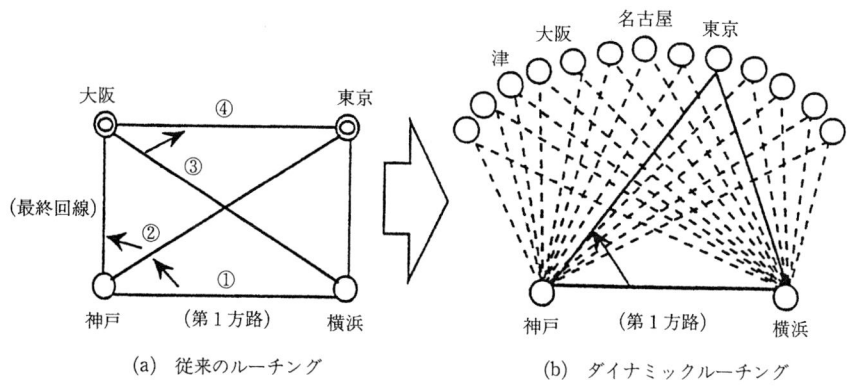

図2.4 ルーチングの概念
(a)は限定された迂回ルート，迂回ルートの選択順序固定，(b)は迂回範囲の拡大，網の混み具合に応じた迂回ルートの選択．

単な固定ルーチングが採用されてきたが，ネットワークのディジタル化の進展にともない，最近ではトラヒック変動を考慮した最適運用のため適応ルーチングが積極的に導入されている．その一例が，**ダイナミックルーチング**とよばれるもので，図 2.4 (b) に示すように，神戸から横浜へのルートは多数の候補があり，網の混み具合に応じて迂回ルートを選択できるので，迂回範囲が拡大され，柔軟に最適ルートが選択できる．

2.3 電話網の品質規定と交換機の設計

通信網が提供する交換接続，情報伝送，サービス品質などの特性を**通信品質**といい，**QOS** (quality of service) ともよばれる．通信品質にはいくつかの尺度があり，通信が円滑に行われるための設備設計や運用の指針となっている．

通信品質を具体的に説明するにあたり，電話網について述べよう．電話網では，通話品質，接続品質，安定品質が主要な品質規定であり，サービス性の観点から国際標準が定められ，その値を満足するように通信システムの設備設計が行われる．

2.3.1 通話品質

電話サービスにおける通話品質は，電話における会話のしやすさを表す指標であり，会話音声の明瞭度，音量，通話に対する満足度など，いろいろな項目について評価される．これらの項目は，国内外の不特定の利用者に対して適切な通話品質を維持できるように，ITU-T において各種の勧告が行われている．

加入者線交換機相互間がディジタル 1 リンクで接続されているわが国の電話網では，SN 比やひずみ特性は通話に影響を及ぼさないほど良好となっているので，音声の大きさが通話のよさの主要因となっている．そこで，品質に対する利用者の満足度との対応がよい**ラウドネス定格** (LR : loudness rating) が用いられ，アナログ電話機相互間の総合 LR を 13 dB 以下に規定している．多数の人が通話をしたときの利用者の満足度を 5 段階評価 (0〜4) で表し，その平均値をとった値として，平均オピニオン評価 (MOS : mean opinion score) が用いられており，LR : 13 dB は，MOS 2.5 に対応し，利用者の 90% が「普通以上（まあよい）」の評価をする品質レベルとなっている．そして，最も条件が悪い接続が

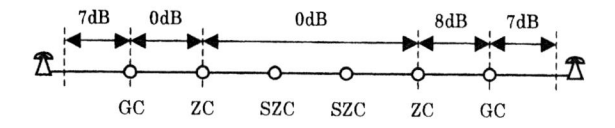

図 2.5 基幹回線の伝送損失配分[3)]

電話機〜GC 間はアナログ伝送，その他の区間はディジタル伝送，右側の ZC〜GC 間の 8 dB はエコー緩和のために挿入．

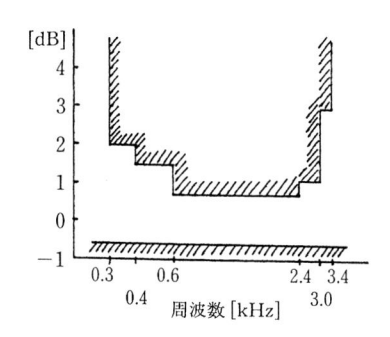

図 2.6 ディジタル交換機の伝送周波数帯域特性

行われた場合でもラウドネス定格 13 dB を満足するように，網内での発振現象である鳴音や準鳴音が生じないための最適な伝送損失配分が定められている（図 2.5 参照）．

また，電話網の伝送周波数帯域は 0.3〜3.4 kHz と定められており，この帯域幅があれば 80% 以上の単音明瞭度となることが実験的に確かめられている．この単音明瞭度とは，電話で無意味な単音（かな 1 文字に相当する音声の最小の単位）を送話したとき，受話者がどの程度正確に聞き分けることができるかを示す割合をいう．そして，単音明瞭度が 80% の伝送系であれば，文章了解度は 95% となり，通話に支障をきたさないことから，上述の帯域が定められた．ディジタル交換機の伝送周波数帯域の特性を図 2.6 に示す．

以上はアナログ電話機相互の接続に対するものであるが，ディジタル通信網の伝送品質は，符号誤り率で評価される．この符号誤り率について，長時間の平均符号誤り率より，短時間に集中するバースト的な誤りが問題になることが多い．そこで，ある一定値以上の誤り率が発生する時間帯の全時間に占める割合を表す**符号誤り時間率**で伝送品質が規定されている．これには，%ES，%DM，%

SES の尺度がある．

%ES (percent error seconds) は，1秒ごとに符号発生の有無を観測して，全観測時間に占める発生秒数を％で表す尺度である．この尺度は，1ビットの符号誤りをも許容できない通信サービスの品質評価に有効であり，4.8％以下とされている．%DM (percent degraded minutes) は，1分ごとに平均誤り率を測定し，10^{-6} を超える符号誤りが発生した分数を全観測分数に占める割合（％）で表した尺度である．これは電話などのように，ある程度の符号誤りが許容できる通信サービス品質評価に使用されており，6.0％以下とされている．%SES (percent severely error seconds) は，1秒ごとに平均誤り率を測定し，10^{-3} を超える符号誤りが発生した秒数を全観測秒数に占める割合（％）で表した尺度である．これは，同期外れなどの瞬断特性の評価などに使用されており，0.06％以下とされている．

2.3.2 接続品質

電話の接続品質に関する評価尺度として接続損失と接続時間が用いられる．接続損失とは，回線や交換機の塞りに遭遇して接続ができない確率（**呼損率**）をいう．接続時間は，利用者が受話器を上げてからダイヤル可能となる（発信音送出）までの**発信音遅延**やダイヤル完了から相手加入者への接続完了までの**接続遅延**などがある．わが国の電話網では網内の呼損率は8％以下，発信音遅延は3秒以上の確率が1％以下，接続遅延は最悪条件で5秒以下（平均2秒）と規定されている．しかし実際には，基幹回線経由の最悪条件で接続損失や接続遅延が規格を満たすように設計されているため，斜め回線経由や中継段数の少ない場合などは規格値よりかなりよい値となっている．

図2.7には，端末間の呼損率を8％以下とする場合の呼損率の配分例を示す．

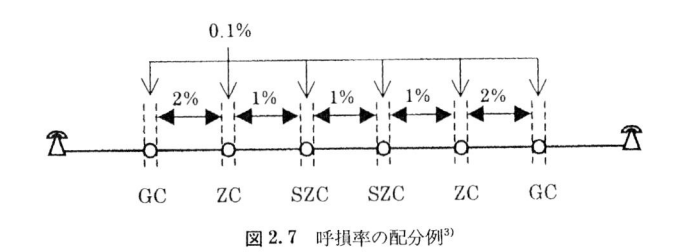

図 2.7 呼損率の配分例[3]

2.3.3 安定品質

　交換機や伝送路などの故障の場合や通話量の過負荷時には通話品質や接続品質が低下する．このような場合に確保すべき品質の許容値と，それらの維持に関する信頼性を**安定品質**として規定する．現状では，標準方式のデータに基づいて総合規格値を設定し，それをシステムの構成要素に配分している．評価尺度としては**故障率**や**不稼働率**のほか，疎通率の低下時間などが用いられる．最近の電話網では，設備の不稼働率を故障規模に関係づけて設定されており，市内系の平常障害ではノード間不稼働率の目標値は 2×10^{-3} と定められている．

2.4　交換方式の分類

　交換システムには，適用されるサービスから電話交換機，データ交換機，高速広帯域交換機などと分類されたり，適用される階梯により加入者線交換機，中継交換機などと分類されることがある．ここで，交換接続の仕方から交換方式を分類すると，**回線交換方式**と**蓄積交換方式**に大別することができる．

2.4.1　回線交換方式

　いま，電話をかける場合を考えてみよう．発側加入者から相手の電話機に電話をかけ，両電話機間に回線が接続されると，ユーザは話が終わるまではその回線を占有することができる．このように発着両端末間に通信回線を物理的に設定し，通信が終わるまでその1回線を両端末間に専用的に使用できるような交換方式を回線交換方式（circuit switching system）という．この方式では，通信網では発呼時に各ノードで交換処理を行い回線を設定し，その回線を占有することになるが，あとは通常その呼が終了するまでその回線をその呼に占有させ，交換ノードでは切断まで関与しない．このため，一般に回線交換は，保留時間が長く，通信密度が高いサービスに適している．

　回線交換方式における通話路系について考えてみよう．1.2.3項に示したように初期の電子交換機では呼を機械式接点の開閉によって接続・切断していた．その後，ディジタル交換方式の導入により通話路を電子回路で構成し，時分割多重された形式のまま交換接続を行う，いわゆる時分割型通話路が採用されるようになった．これに対して機械式接点のように空間的に展開された接点群で交換する

形式の通話路を空間分割型通話路とよんでいる．このほかに，分類上では周波数分割型通話路というものも考えられるが，この形式は将来の光交換の時代になって現れてくる．

2.4.2 蓄積交換方式

送信端末からの通信情報をいったん交換機の記憶装置に蓄積し，つぎの交換機の記憶装置にそれを転送し，この操作を順次繰り返して，最後に受信端末にこの情報を届ける方式を，蓄積交換方式 (store and forward switching system) とよぶ．この交換方式は，通信情報を蓄積するので情報伝達に遅延が生じるが，情報の誤り検出や再送などの通信処理や，情報の加工や変換などの情報処理を加えることができる．このことから，必ずしも厳密な即時性が要求されないデータ通信や静止画像の伝達に広く使用されている．この場合，一度に蓄積転送する情報の大きさによって，**メッセージ交換**，**パケット交換**，**セル交換** の3種類に分類されるが，近年のネットワークでは，コンピュータ通信にパケット交換が広く使われている．また，セル交換は，B-ISDN の基本技術として使われるようになっており，詳細は第7章で述べる．

表 2.1 に，回線交換と蓄積交換の特性の違いをまとめて示す．

パケット交換では，図 2.8 に示すように，情報データ（通信文）をあらかじめ定められた長さのパケットに区切り蓄積交換を行う．パケットには小包と同じように宛先（アドレス）をつけ，交換機はこのアドレスを解釈して目的の端末にパケットを送達する．

パケット交換網に収容される端末は NPT と PT の2種類がある．NPT (non-

表 2.1 回線交換と蓄積交換の比較[3]

比較項目	回線交換	蓄積交換		
		メッセージ交換	パケット交換	セル交換
回線の保留	呼単位	メッセージ単位	パケット単位	セル単位
即時/待時	即時	待時	待時	待時
転送遅延	極小	大きい	中位	わずか
回線使用能率	低い	高い	高い	高い
データ形式	無形式	フォーマットあり	フォーマットあり	フォーマットあり
誤り制御	なし	あり	あり	なし
異種端末通信	不可	可	可	困難

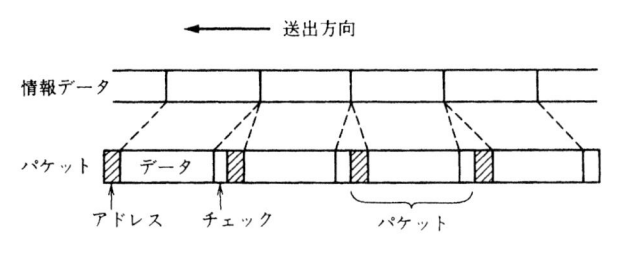

図 2.8 パケットの組立[1]

packet mode terminal) は，データをそのまま送受信する一般端末であり，PT (packet mode terminal) は，パケット形式で送受できるパケット端末である．NPT はパケット化機能を有する **PAD** (packet assembly and disassembly) 装置を介してパケット交換機に収容される．

　PT は複数の論理チャネル (LCN : logical channel) をもち，その LCN ごとに通信相手を設定できるので，同時に複数の相手と通信することが可能である．この機能をパケット多重機能という．

　パケット交換網における通信形態はコネクション形 (connection oriented) であり，端末間に論理チャネルの対応関係を設定したうえでパケットの送受を行い，その対応関係を解放して通信を終了する**バーチャルサーキット**とよばれる形態である．この形態はさらに，呼の開始時ごとに通信相手を選択するバーチャルコール (VC : virtual call) と通信相手が固定しているため呼設定手順の不要な固定バーチャルサーキット (PVC : permanent virtual circuit) の二つのモードに分けられる．また，VC において，呼設定・解除パケットに最大 128 バイトのデータを付加できる機能をファーストセレクトという．1 呼で送信するユーザデータ長が 128 バイト以下の場合には，この機能により通信手順を簡略化できる．

　パケット交換のほかの通信形態として，データグラムとよばれるコネクションレス形の通信形態があるが，公衆データ網では初期には適用されたが現在では使用されていない．この形態は，現在インターネットで IP (internet protocol) パケットとして標準に使用されているモードで，起呼，保留，解放という呼の概念を適用せず，1 データ 1 パケットで自律的に転送するものである．コネクション形に比べて，個々のデータに相互関係がなく，短いデータの転送の場合にはネッ

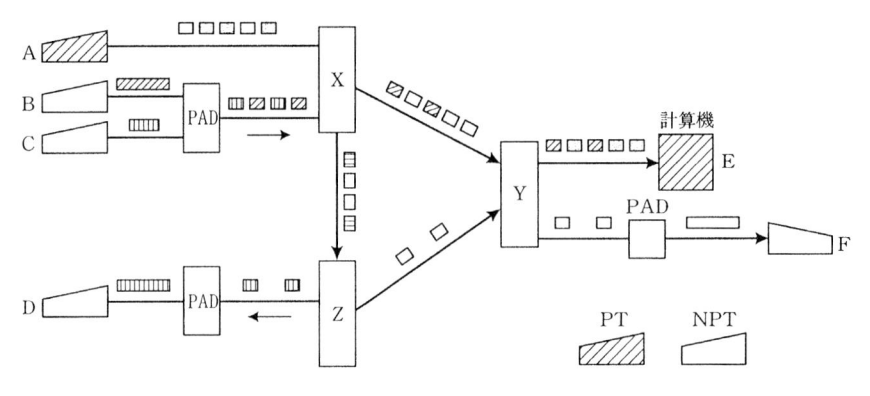

図 2.9 パケット交換の原理

トワーク内の転送機能が簡略化できるが，その反面，データ紛失対策，中継遅延監視などの機能が不足している．

パケット交換網の原理を図 2.9 に示す．図では，X, Y, Z がパケット交換機であり，端末 A および E がパケット端末 (PT)，ほかの端末は一般端末 (NPT) である．端末 A は E と F にコネクションが設定されており，一方，E は A と B からのコネクションが設定されており，いずれもパケット多重通信がされている．なお，A から F へのコネクションは A-X-Z-Y-F のパスが設定されている状況を示している．また，C と D との間にもコネクションが設定されている．

伝送中に雑音などによりパケットに誤りが生ずることがあり，受信側でこれを検出して正しいパケットを再送して訂正する．これを誤り制御といい，誤り制御や経路の相違によって，着信側交換機に到達するパケットの順序が逆転する可能性がある．そこで，パケットにシーケンス番号を付与し着信側交換機で順序をそろえることが必要で，この機能はパケット順序制御とよばれる．

また，パケットは交換機や端末のバッファに蓄積され処理されるが，バッファが有限であるため輻輳時にはデータの流入を制限する必要があり，この機能をフロー制御という．これら各種の機能はパケット交換網における必須のもので，ITU-T X.25 として標準化されている．

2.5 トラヒック理論

多数の端末から発生する接続要求は統計的な性質を有しており，確率論を応用した定量的な解析が可能である．その基礎となる**通信トラヒック理論**は 1909 年にデンマークの **A. K. アーラン**によって創始され，交換技術の進歩とともに発展し，オペレーションズリサーチなどの研究成果を取り入れて理論的な体系が完成している．本節ではトラヒック理論の基礎的事項について述べる．

たとえば，図 2.10 のように，二つの交換機 A と B にそれぞれ 1000 台の電話機が接続されている場合，A-B 間の伝送路（中継線）の本数 s をいくらに設定すべきかという問題を考えよう．

最も極端な場合，A の 1000 台の電話機が，それぞれ B の 1000 台の電話機と同時に通話を可能とするためには，$s=1000$ としなければならない．しかし，電話の使用には統計的な性質があって，このような極端な状態が発生することはきわめてまれである．一方，$s=1$ とすれば，とにかく通話はできるが中継線塞りが多く，サービス上許容できないであろう．いま，各電話機の使用率が 10% (1 時間あたり 6 分間通話) とすると，99% の確率で通話を保障するためには，$s=64$ であればよいことが計算される．このように，電話使用の統計的性質を利用して中継線の経済化ができる．このことは，交換機を構成する機器の設計にも利用できる．その基礎となるのが，通信トラヒック理論であり，交換技術の基礎的な理論となっている．

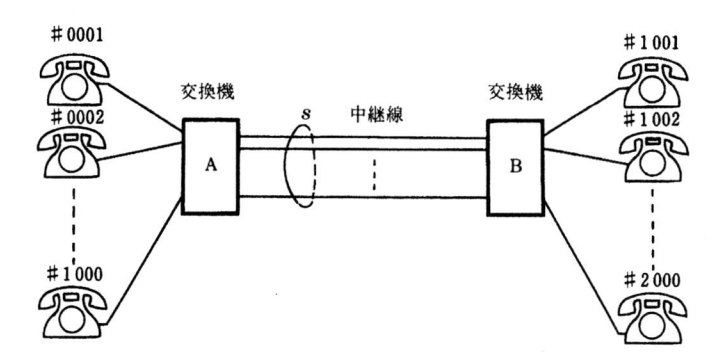

図 2.10 中継線で結ばれた交換ネットワーク[1]

2.5.1 呼量

電話やデータなどの接続要求を**呼**と称し,呼の継続時間を**保留時間**(サービス時間)という.単位時間あたりの呼の総延べ保留時間を呼量と定義し,単位として**アーラン** (erl) を用いる.たとえば,1 時間あたり三つの呼があって,それぞれの保留時間が 1 分,2 分,3 分であれば,呼量は (1分+2分+3分)/60分=0.1 erl となる.

単位時間あたりの呼の発生数(**呼数密度**)を c,平均保留時間を h とすると,呼量 a は次式で与えられる.

$$a = ch \tag{2.1}$$

そして,1 回線が運ぶ呼量はその回線が使用中の確率(時間的な割合)に等しく,回線群が運ぶ呼量は,使用中の回線数(同時接続数)の平均値に等しい.

2.5.2 呼の生起と終了

ランダムに呼が生起するモデルを考える.これは,呼の発生が独立で,微小時間 Δt 中に一つの呼が発生する確率が時刻に無関係に $\lambda \Delta t$ で,二つ以上の呼が発生する確率が無視できるモデルである.このモデルで時間 t 中に k 個の呼が生起する確率 $P_k(t)$ を求めよう.

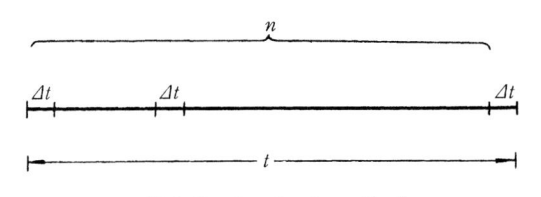

図 2.11 ランダム呼のモデル[1]

図 2.11 のように,時間 t を十分多くの n 個の区間に分割し,一つの区間を $\Delta t = t/n$ とする.呼の発生が独立であるから,特定の k 区間で呼が発生し,残りの $(n-k)$ 区間で発生しない確率は $(\lambda \Delta t)^k (1-\lambda \Delta t)^{n-k}$ となる.k 個の区間の選び方は ${}_nC_k$ とおりあるから,$n \to \infty$,$\Delta t \to 0$ とするとつぎのようになる.

$$P_k(t) = \lim_{n \to \infty} {}_nC_k (\lambda \Delta t)^k (1-\lambda \Delta t)^{n-k} = \lim_{n \to \infty} \binom{n}{k} \left(\frac{\lambda t}{n}\right)^k \left(1-\frac{\lambda t}{n}\right)^{n-k}$$

$$= \lim_{n\to\infty}\left(1-\frac{\lambda t}{n}\right)^n \frac{(\lambda t)^k}{k!}\left(1-\frac{\lambda t}{n}\right)^{-k}\frac{n}{n}\frac{n-1}{n}\cdots\frac{n-k+1}{n}$$

$$=\frac{(\lambda t)^k}{k!}e^{-\lambda t} \tag{2.2}$$

これは平均値 λt の**ポアソン分布**である．ここで，λ は**生起率**（到着率）とよばれ，これが時刻に無関係に一定となることがランダム生起を意味する．時間 t 中の平均生起呼数は λt であるから，λ は単位時間あたりの平均生起呼数を表す．単位時間あたりの発生呼数を呼数密度とよび，1時間を単位とするとき **BHC** (busy hour call) という．

時間 t 中に一つも呼が発生しない確率は，式 (2.2) において $k=0$ の場合であるから

$$P_0(t)=e^{-\lambda t} \tag{2.3}$$

となる．したがって，呼の生起間隔 T_a が t 以下となる確率は

$$P\{T_a \leq t\}=1-e^{-\lambda t} \tag{2.4}$$

となり，T_a は平均値 $1/\lambda$ の指数分布に従う．このように生起間隔が指数分布となることが，ランダム生起の特徴である．

つぎに，呼がランダムに終了する場合の保留時間について考えよう．これは微小時間 Δt 中に呼が終了する確率が時刻に無関係に $\mu \Delta t$ となるモデルに相当する．保留時間 T_s が t より大となる確率は時間 t 中に呼が終了しない確率と等しい．そこで，時間 t を n 個の微小区間 Δt に分割すれば，t 中に呼が終了しない確率は $(1-\mu\Delta t)^n$ となるから，$n\to\infty$，$\Delta t\to 0$ とすると，

$$H(t)=P\{T_s>t\}=\lim_{n\to\infty}\left(1-\frac{\mu t}{n}\right)^n=e^{-\mu t} \tag{2.5}$$

すなわち，T_s は平均値 $1/\mu$ の指数分布に従う．

μ は終了率（サービス率）とよばれ，平均保留時間が $h=1/\mu$ となるから，式 (2.1) から呼量は $a=\lambda/\mu$ と表すことができる．また，保留時間が平均値 $1/\mu$ の指数分布に従う s 個の呼があるとき，いずれか一つの呼が微小時間 Δt 中に終了する確率は $s\mu\Delta t$ となる．このモデルは，実際の電話の通話時間分布によく適合するうえ，理論的な取扱いが簡単になることから，トラヒック理論でよく用いられる．

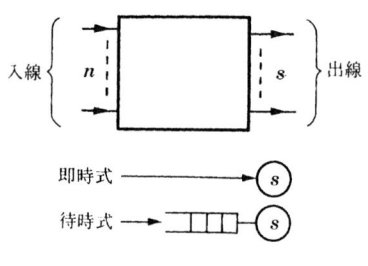

図 2.12 交換線群のモデル[1]

2.5.3 トラヒックモデルの分類

入線と出線よりなるシステムを図 2.12 のように抽象化して交換線群とよび,空いている出線に対して,どの入線からでも接続できるものを完全線群,そうでないものを不完全線群という.出線または交換線群の内部が塞がっていて接続できない状態を輻輳とよび,そのとき接続を断念するシステムを**即時式**,空きが生ずるまで待つものを**待時式**と称する.

トラヒックモデルはつぎの条件で規定される.
(1) 入力過程: 呼の生起(到着)条件を規定する.前項ではポアソン生起(指数分布の生起間隔)の例を示したが,各種の生起条件を考えることができる.
(2) サービス機構: 出線(窓口,サーバ)の数,保留時間(サービス時間)分布などを規定する.前項では電話呼が指数分布の保留時間で近似できることを示したが,データ呼などは異なる分布(たとえば一定値)となる.
(3) 処理規律: 輻輳に出会った呼の処理方法を規定する.待時式では待合せ中の呼をサービスする順序が問題となり,到着順処理(FIFO: first in first out)やランダム処理(RSO: random service order)などがある.

完全線群のトラヒックモデルを表すのに,**ケンドールの記号**

$$A/B/S \tag{2.6}$$

が用いられる.ここで,A は生起間隔分布,B は保留時間分布,S は出線数を表し,分布形として,M:指数分布(マルコフ),D:単位分布(一定),G:一般分布を用いる.

たとえば,ポアソン生起,指数保留時間分布で出線数 s の待時式モデルを $M/$

M/S と表す.また,入線数 n が有限のとき,$M(n)/M/S$ と表す.特に,待ち呼数の上限 m に制限があるとき(待ち室 m),$M/M/S(m)$ またはシステム中の許容客数を $K=s+m$ として $M/M/S/K$ のように表す.したがって,即時式モデルは $M/M/S(0)$ のように表すことができる.これらの付加的な表示がないときは,制限のない待時式モデルを意味する.

また,生起間隔,保留時間の両者が指数分布に従うものを**マルコフモデル**,それらの少なくとも一方が指数分布でないとき,**非マルコフモデル**という.

2.5.4 即時式マルコフモデル
a. M/M/S(0)

ポアソン入力,指数保留時間分布の即時式完全線群モデルを考える.時刻 t における系内呼数を $N(t)$ とすると,即時式であるから出線全塞りに出会った呼はただちに消滅するため,$N(t)$ は出線の同時接続数に等しくなる.

ここで時刻 t における同時接続数が r である確率 $P_r(t)$ を求めてみよう.一般に $P_r(t)$ は時刻 t の関数で初期条件に依存するが,ある条件のもとでは $t \to \infty$ で初期条件に無関係な定常確率 P_r に収束し,$dP_r(t)/dt = 0$ となる.このような性質はエルゴード性とよばれ,定常(統計的平衡)状態が存在するときに成立することが知られている.そこで,定常状態の存在を仮定して $t \to \infty$ で $P_r(t) \to P_r$ と表し,生起率を λ,終了率を μ とし,r 呼が存在するとき Δt 中に 1呼が終了する確率が $r\mu\Delta t$ となることから,図2.13に示すような**状態遷移図**で表すことができる.

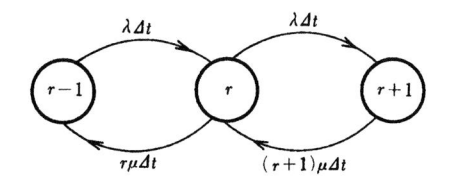

図 2.13 $M/M/S(0)$ の状態遷移図[1]

図において,**統計的平衡状態**であるから状態 r から隣接の状態へ離脱する確率と,隣接の状態から状態 r へ復帰する確率が等しいことになり,これを rate-out=rate-in の関係という.この関係を式で表すとつぎのようになる.

$$P_r \lambda \Delta t + P_r r \mu \Delta t = P_{r-1} \lambda \Delta t + P_{r+1}(r+1)\mu \Delta t \tag{2.7}$$

この式の左辺は系内呼数が r の状態から Δt 中に 1 呼生起して $(r+1)$, または 1 呼終了して $(r-1)$ の状態に遷移する確率である. 一方, 右辺は状態 $(r-1)$ または $(r+1)$ から状態 r へ遷移する確率である. この式を整理すると, つぎの差分方程式が得られる.

$$(\lambda + r\mu)P_r = \lambda P_{r-1} + (r+1)\mu P_{r+1} \quad (r=0, 1, \cdots, s) \tag{2.8}$$

ただし, $P_r = 0$ $(r=-1, s+1)$.

式 (2.8) は, 平衡状態方程式とよばれ, これを $r=0$ から $(i-1)$ まで加え上げて呼量 $a = \lambda/\mu$ を代入すると, つぎの漸化式が得られる.

$$P_i = \frac{a}{i} P_{i-1} \tag{2.9}$$

これを順次適用すると,

$$P_i = \frac{a^2}{i(i-1)} P_{i-2} = \cdots = \frac{a^i}{i!} P_0 \quad (i=1, 2, \cdots, s) \tag{2.10}$$

確率の性質から, 正規化条件

$$\sum_{i=0}^{s} P_i = P_0 + P_0 \sum_{i=1}^{s} \frac{a^i}{i!} = P_0 \sum_{i=0}^{s} \frac{a^i}{i!} = 1 \tag{2.11}$$

を用いると,

$$P_0^{-1} = \sum_{i=0}^{s} \frac{a^i}{i!} \tag{2.12}$$

したがって次式が得られる.

$$P_r = \frac{a^r}{r!} \bigg/ \sum_{i=0}^{s} \frac{a^i}{i!} \quad (r=0, 1, \cdots, s) \tag{2.13}$$

これは**アーラン分布**とよばれる.

即時式交換線群では, 出線が全塞りになると新しく生起した呼は呼損となる. 式 (2.13) から出線数が s の場合, 出線が全塞りになる確率は, 加わる呼量を a アーランとすると, 次式で表される.

$$B = \frac{a^s}{s!} \bigg/ \sum_{i=0}^{s} \frac{a^i}{i!} \equiv E_s(a) \tag{2.14}$$

これは, **アーランの損失式**または**アーランB式**とよばれる. この式は, 入線無限, 出線数 s の場合の呼損率を表しており, 安全側の近似 (呼損率を大きめに評価) となることから, 実用上よく用いられる. とくによく出てくる問題は, 呼損率 B を定めて, 与えられた呼量に対して必要な出線数を求める問題がある. 式

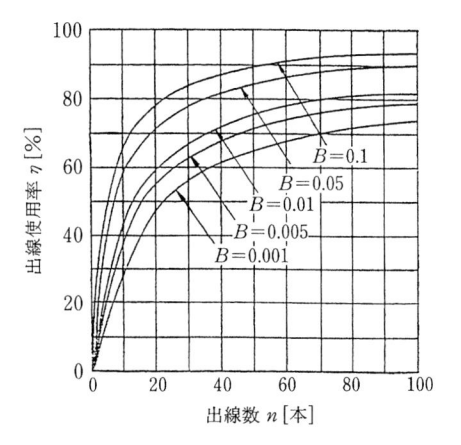

[図: 出線使用率 η[%] vs 出線数 n[本] のグラフ。B=0.1, 0.05, 0.01, 0.005, 0.001 の曲線]

図 2.14 アーランのモデルでの出線使用率（B：呼損率）

(2.14) を用いて計算すれば求められるが，簡単のために巻末に，出線数と呼損率を与えたときに運びうる呼量を示す表（付録1）を収録してある．また，図2.14には，呼損率をパラメータとして，出線数と出線使用率の関係を示す．この図から，呼損率を一定とすると，s が大きくなるほど η が大となり回線群を効率的に使用でき経済的となることがわかる．この関係は大群化効果とよばれ，一般のトラヒックシステムで成立し，交換システムや通信システムの設計上重要な性質である．

b. M(n)/M/S(0)

入数線 n が有限で，空き入線あたりの生起率が ν となるモデルを考える．これは各空き入線から，平均値 ν^{-1} の指数分布間隔で呼が生起するもので，準ランダム入力ともよばれる．その他の条件は前項と同様として，定常状態の確率を求めよう．

系内呼数が r のとき，空き入線数は $(n-r)$ となるから，Δt 中に1呼が生起する確率は $(n-r)\nu\Delta t$ となり，状態遷移は図2.15のようになる．これから平衡状態方程式がつぎのように書ける．

$$[(n-r)\nu+r\mu]P_r=(n-r+1)\nu P_{r-1}+(r+1)\mu P_{r+1} \tag{2.15}$$

これを式 (2.8)～(2.13) と同様にして解いて $h=\mu^{-1}$ とすると次式が得られる．

$$P_r=\binom{n}{r}(\nu h)^r \bigg/ \sum_{i=0}^{s}\binom{n}{i}(\nu h)^i \quad (r=0,1,\cdots,s) \tag{2.16}$$

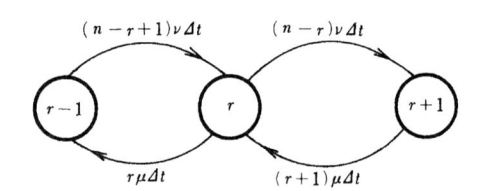

図 2.15　$M(n)/M/S(0)$ の状態遷移図[1]

これは**エングセット分布**とよばれる．

もし $n \leq s$ ならば，式 (2.16) の分母は $(1+\nu h)^n$ となるから，$a = \nu h/(1+\nu h)$ とおけば，式 (2.16) はつぎのようになる．

$$P_r = \binom{n}{r} a^r (1-a)^{n-r} \quad (r=0, 1, \cdots, n) \tag{2.17}$$

これは平均値 na の 2 項分布であり，a は入線の使用率（呼量）となる．つぎに，$n\nu h = a$ を一定として，$n \to \infty$ とすれば，

$$\binom{n}{r}(\nu h)^r = \frac{n(n-1)\cdots(n-r+1)}{n^r} \frac{(n\nu h)^r}{r!} \to \frac{a^r}{r!} \tag{2.18}$$

となるから，式 (2.16) は式 (2.13) に一致する．すなわち，前項の $M/M/S(0)$ は入線無限モデルに相当する．

つづいて，このシステムにおける呼損率を求めてみよう．いま，システムに加わる呼量を a_0，出線の運ぶ呼量を a_c とするとき，呼損率を次式で定義する．

$$B = \frac{a_0 - a_c}{a_0} \tag{2.19}$$

平衡状態の系内呼数（同時接続数）を N（確率変数）とすると，呼量 a_c は N の平均値となるから，

$$a_c = E[N] = \sum_{r=0}^{s} r P_r = P_0 n \nu h \sum_{r=0}^{s-1} \binom{n-1}{r} (\nu h)^r \tag{2.20}$$

また，加わる呼量は，

$$a_0 = E\{n-N\}\nu h = P_0 n \nu h \sum_{r=0}^{s} \binom{n-1}{r} (\nu h)^r \tag{2.21}$$

これらを式 (2.19) に代入すると次式が得られる．

$$B = \frac{\binom{n-1}{s}(\nu h)^s}{\sum_{i=0}^{s}\binom{n-1}{i}(\nu h)^i} = \Pi_s \tag{2.22}$$

これを**エングセットの損失式**とよぶ．呼損率 B は，呼が生起したとき s 本の出線が全塞りの確率 Π_s と等価であり，呼輻輳率とよばれることがある．

c. ポアソン入力・一般保留時間モデル

ポアソン入力で，保留時間が一般分布に従う $M/G/S(0)$ については，非マルコフモデルであるけれども，マルコフモデルの $M/M/S(0)$ と等価であることが知られている．これは保留時間のロバストネスといわれる性質である．

2.5.5 待時式マルコフモデル
a. リトルの公式

あるシステムが定常状態にあるとき，生起率を λ，平均待ち呼数を L とするとつぎの関係が成り立つ．

$$L = \lambda W \tag{2.23}$$

これは**リトルの公式** (Little formula) とよばれ，つぎのように解釈できる．

W は呼が待ち室に滞在する平均時間（保留時間）であるから，右辺は呼量に相当し，呼量の性質から待ち室内の平均同時接続数（待ち呼数）に等しくなる．式 (2.23) は生起間隔，保留時間分布などに無関係に一般的なシステムに適用できる．

また，呼（客）がシステム中に滞在する時間（待ち時間＋サービス時間）を**系内時間**または**応答時間** (response time) というが，その平均値を W，系内呼数（システム中に同時に存在する呼数）の平均値を L としても，式 (2.23) が成立する．

b. M/M/S

出線全塞りのとき，生起した呼がサービスを受けるまで待ち合わせる待時式 $M/M/S$ モデルを考える．待ち呼数に制限がなく（待ち室無限大），生起率 λ，終了率 μ とすれば，状態遷移は図 2.16 のようになる．

系内呼数が $r<s$ の場合は即時式と同様であるが，$r \geq s$ の場合は s 呼だけがサービス中で，残りの呼は待合せ中であるから，Δt 中に 1 呼が終了する確率は

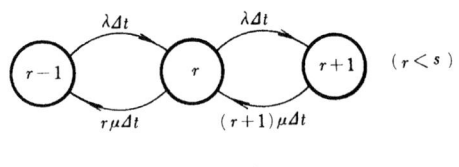

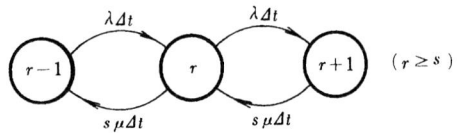

図 2.16　$M/M/S$ の状態遷移図[1]

$s\mu\Delta t$ となる．

平衡状態の存在を仮定し，系内呼数が r である確率を P_r とすれば，rate-out＝rate-in の関係から，状態方程式がつぎのように書ける．

$$(\lambda + r\mu)P_r = \lambda P_{r-1} + (r+1)\mu P_{r+1} \quad (r<s)$$
$$(\lambda + s\mu)P_r = \lambda P_{r-1} + s\mu P_{r+1} \quad (r \geq s) \tag{2.24}$$

即時式の場合と同様にして解き $a=\lambda/\mu$ を代入すると，次式が得られる．

$$\left.\begin{array}{l} P_r = \dfrac{a^r}{r!}P_0 \quad (r<s) \\ P_r = \dfrac{a^s}{s!}\left(\dfrac{a}{s}\right)^{r-s} P_0 \quad (r \geq s) \end{array}\right\} \tag{2.25}$$

正規化条件から

$$\sum_{r=0}^{\infty} P_r = P_0\left[\sum_{r=0}^{s-1}\dfrac{a^r}{r!} + \dfrac{a^s}{s!}\sum_{r=s}^{\infty}\left(\dfrac{a}{s}\right)^r\right] = 1 \tag{2.26}$$

[ ] 内第 2 項の級数は $a<s$ のときにかぎり収束し，P_0 は次式で与えられる．

$$P_0^{-1} = \sum_{r=0}^{s-1}\dfrac{a^r}{r!} + \dfrac{a^s}{s!}\dfrac{s}{s-a} \tag{2.27}$$

実際，待時式では損失呼がないから生起呼量 a がすべて運ばれるが，1本の出線は1アーラン以上運べないから，$a \geq s$ になると待ち呼数が無限大となってシステムは発散し平衡状態が存在しない．したがって，このようなモデルで定常状態が存在するための必要十分条件は，$a<s$ であることが知られている．そこで，以下この条件が成立するものと仮定して解析を進める．

生起呼が待合せに入る確率を待ち率とよび，$M(0)$ で表す．これは系内呼数が s 以上となる確率であるから，

$$M(0)=\sum_{r=s}^{\infty}P_r=\frac{a^s}{s!}\frac{s}{s-a}P_0 \tag{2.28}$$

となり，**アーランC式**とよばれる．変形すると数値計算に便利な次式が得られる．

$$M(0)=\frac{sE_s(a)}{s-a[1-E_s(a)]} \tag{2.29}$$

平均待ち呼数は

$$L=\sum_{r=s}^{\infty}(r-s)P_r=\frac{a^s}{s!}P_0\sum_{r=0}^{\infty}r\left(\frac{a}{s}\right)^r=M(0)\frac{a}{s-a} \tag{2.30}$$

となり，リトルの公式 (2.23) を用いると，平均待ち時間は

$$W=\frac{L}{\lambda}=\frac{M(0)\cdot h}{s-a} \tag{2.31}$$

ただし，$h=1/\mu$ は平均保留時間である．

C. 待ち時間分布

待ち時間分布を考える場合，出線が空いたとき待ち呼をサービスする順序（処理規律）が問題となる．まず，到着順処理 (FIFO) について考える．

任意の呼に着目し，その呼が到着したとき，系内呼数が $r \geq s$ ならば待合せに入り，サービス中の呼と前位に待合せ中の $(r-s)$ 呼のサービスが終了するまで待ち合わせる．s 呼がサービス中であるから，Δt 中に1呼が終了する確率は $s\mu\Delta t$ となる．したがって，式 (2.2) と同様にして，時間 t 中に k 呼が終了する確率 $Q_k(t)$ は平均値 $s\mu t$ のポアソン分布に従い，

$$Q_k(t)=\frac{(s\mu t)^k}{k!}e^{-s\mu t} \tag{2.32}$$

そこで，$k \leq r-s$ ならば時間 t より長く待たねばならないから，その確率はつぎのようになる．

$$M(t)=\sum_{r=s}^{\infty}P_r\sum_{k=0}^{r-s}Q_k(t)=\frac{a^s}{s!}e^{-s\mu t}P_0\sum_{r=0}^{\infty}\left(\frac{a}{s}\right)^r\sum_{k=0}^{r}\frac{(s\mu t)^k}{k!}$$

ここで，$\sum_{r=0}^{\infty}\sum_{k=0}^{r}f(r,k)=\sum_{r=0}^{\infty}\sum_{k=0}^{\infty}f(r+k,k)$ の関係を利用すると次式が得られる．

$$M(t)=M(0)e^{-(s-a)t/h} \tag{2.33}$$

演習問題

(1) 電話用加入者線交換機の構成をブロック図で示し，各ブロックの機能を簡単に説明せよ．

(2) 一般的な電話の接続機能をフローチャート形式で記述せよ．
(3) ダイナミックルーチングについて述べよ．
(4) 電話網の主要な品質基準について説明せよ．
(5) パケット交換の原理と特徴を述べよ．
(6) 回線交換とパケット交換の特徴を比較して述べよ．
(7) ケンドールの記号について説明せよ．
(8) 即時式マルコフモデルにおけるアーラン分布およびアーランB式を状態遷移図を利用して求めよ．
(9) 5本の回線群が1時間あたり平均50呼を運び，呼の平均保留時間が3分とする．
　① 1本の回線あたりに運ぶ呼量を求めよ．
　② 使用中の回線数の平均値を求めよ．
(10) 1時間あたり平均10呼がランダムに生起するものとする．
　① 12分間に2呼以上が生起する確率を求めよ．
　② 生起間隔が6分以下となる確率を求めよ．
(11) 呼の保留時間が平均値3分の指数分布に従うものとする．
　① 保留時間が6分を超える確率を求めよ．
　② 6呼が通話中に，任意の1呼が終了するまでの平均時間を求めよ．
(12) ある公衆電話センターを1時間あたり平均50人の客が利用し，通話時間は平均3分間とする．
　① 通話中の電話機の平均台数を求めよ．
　② 平均待ち客数が1.2人と観測されたとき，平均待ち時間を求めよ．
(13) 二つの交換機AとBにそれぞれ1000台の電話機が接続されている場合，A-B間の中継線の回線数をいくらに設定すればよいか．ただし，各電話機の使用率は10%，発信と着信の割合は各50%，すべての電話機に均等に接続が行われるものとする．
(14) 1万台の電話機を収容する電話局において，電話機あたりの発信呼量が0.04 erlとし，10%の呼が「0発信」で市外局を経由するものとする．
　①「0発信」時の呼損率を0.01以下とするのに必要な市外局への中継線数を求めよ．
　② 過負荷時に「0」発信呼が2倍に増加したとき，呼損率はいくらになるか．
(15) 4台の電話機と2本の局線を有するボタン電話装置において，空き電話機が1時間あたり平均2回ランダムに発信し，平均3分間（指数分布）通話するものとする．即時式で使用する場合の呼損率と局線の使用能率を求めよ．
(16) 電話機の送受話器を上げてから発信音（ダイヤルトーン）が出るまでの時間を発信音遅延という．電話機3000台を収容する構内交換機（PBX）において，各電話機が1時間あたり1回ランダムに発信し，ダイヤル時間は平均12秒の指数分布に従うものとする．発信音遅延が3秒を超える確率を1%以下とするための発信レジスタ（ダイヤル受信装置）の数を求めよ．
(17) 20台のTSS端末を有する計算センタにおいて，600人のユーザが，それぞれ平均1日(8時間)に1回ランダムに平均12分間（保留時間は指数分布）使用するものとする．平均待ち時間および到着順に処理されるときの待ち時間が6分を超える確率を求めよ．

3. 交換スイッチ回路網

交換システムにおいて，呼を接続するためには交換スイッチ回路網が重要な働きをしている．本章では，電話交換，データ交換，マルチメディア交換に重要な働きをしている各種スイッチ回路網の仕組みを理解できるように，下記の項目を説明している．

(1) 空間的にスイッチが配置された空間分割型通話路により交換通話路の仕組みを理解する．

(2) ディジタル交換機の通話路構成を理解するために，PCM の基本からはじめて，時分割交換の基本技術を理解する．

(3) マルチメディアネットワークの基本となる ATM（非同期転送モード）の交換スイッチの基本技術を理解する．

3.1 空間分割型通話路

2.4.1 項において，発信端末と着信端末間を空間的に展開された接点群で交換する形式を**空間分割型通話路**とよぶことを述べた．本節では，この形式の通話路系の構成について述べよう．

この形式の通話路に使われる基本構成要素は，図 3.1 (a) に示すように開閉接点を格子状に配列した**格子スイッチ** (matrix switch) であり，入線 n，出線 m のスイッチを同図 (b) のように略記する．代表的なスイッチとしてクロスバ交換機に用いられた大形クロスバスイッチや電子交換機に用いられた小形クロスバスイッチ，多接点封止形スイッチ，フェリードスイッチマトリックスなどがある．

この形式のスイッチは，コストが接点数に比例する．そして，接点数は格子サイズの 2 乗に比例して増大するので，あまり大きなスイッチをつくるのは得策で

42 　3. 交換スイッチ回路網

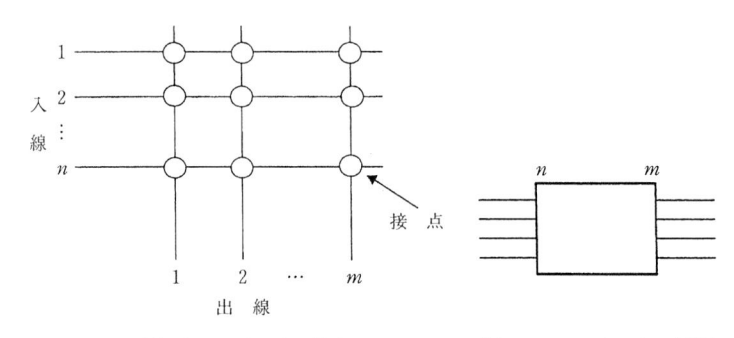

(a) 格子スイッチの構成　　　(b) $n \times m$ スイッチの略記法

図 3.1　格子スイッチ

(a) 非閉塞スイッチ回路網　　　(b) 閉塞のあるスイッチ回路網

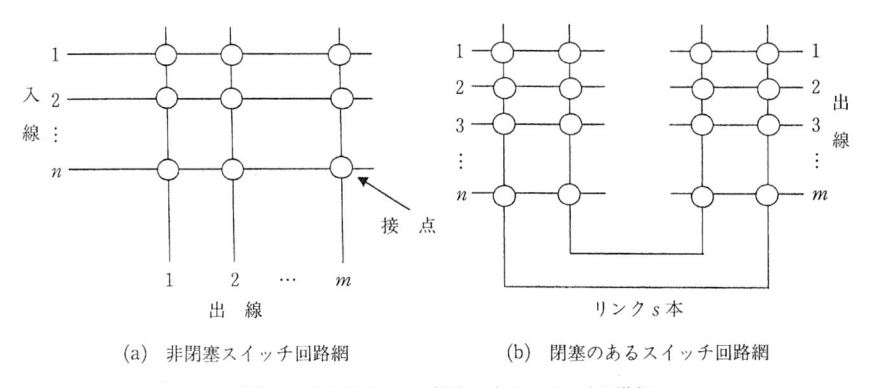

図 3.2　非閉塞型および閉塞のあるスイッチ回路網

はない．したがって，大規模のスイッチ回路網をつくるには，比較的小形のスイッチを多数組み合わせて構成するのが一般的である．

たとえば，図 3.2 (a) は入線と出線の交点にすべて接点が設けられており，空き出線があれば必ずそこに接続できる形態で，このような回路網を非閉塞スイッチ回路網とよぶ．これに対して，同図 (b) は 2 段のスイッチで構成する「閉塞のあるスイッチ回路網」の一例である．スイッチとスイッチの間の配線をリンク (link) といい，一般には入線，出線の数に比べて少なくしておき，すべての入線とすべての出線をつなぐルートを選ぶことはできるが，リンクがたまたますべて使用中の場合には入線からの呼は呼損となるものである．いま，$n=m=1000$ とすると，図 (a) の場合の接点数は $1000 \times 1000 = 10^6$ となる．ここで，

3.1 空間分割型通話路

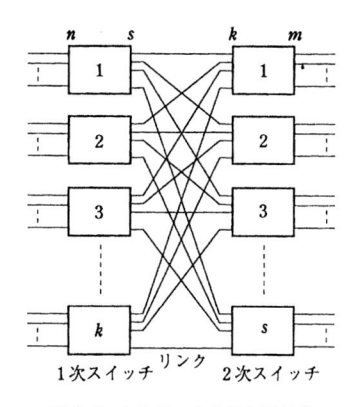

図 3.3 2段リンク接続回路網[2]

入線あたりの使用率を 10%（入線あたりの呼量：0.1 erl）とすると，全入線に加わるトラヒックは $1000 \times 0.1 = 100$ erl となる．リンクでの閉塞確率を 1/1000 程度と十分小さくするためにはリンク使用率を 80% 程度に設定する必要があり，必要なリンクの本数は $100 \div 0.8 = 125$ となる．その結果，図 (b) での所要接点数は，$1000 \times 125 \times 2 = 2.5 \times 10^5$ と 1/4 に削減できることになる．このような形式を一般化すると，図 3.3 に示すような構成となる．すなわち，格子スイッチを 2 段に配列し，その間をリンクで結び，どの入線からどの出線にも接続できるようにしたスイッチ回路網で，これを **2段リンク接続回路網** という．もっと大きなスイッチ回路網をつくるには，スイッチをさらに多段に配列した多段リンク接続回路網にすればよい．C400 形クロスバ交換機では，20×10 の格子スイッチを用いた 4 段リンク接続で，最大 2750 アーランの通話路を構成していた．また，D10 形電子交換機では，8×8 の格子スイッチによる 8 段リンク接続で，最大 4000 アーランの通話路を構成していた．

2.4 節で述べたように，この形式の通話路は電磁機械式接点を使ったアナログ交換に適した方式であり，最近のディジタル化されたネットワークでは使用されなくなっている．ただし，この形式の通話路では，接点を通して，直流信号や大振幅信号を通すことができるので，加入者ごとに設ける回路は発呼検出のための簡単なものだけで，各種の機能をもったトランク回路へはすべて通話路網を介して接続することにより，トランク回路の使用効率を高めることが可能になり，交換機を経済的に構成している．

3.2 時分割型通話路

従来の電話ネットワークは音声信号を効率よく伝送・交換するアナログネットワークとして，大規模なネットワークに発展してきた．1975年ごろから，ディジタル技術の進歩により，音声を **PCM** (pulse code modulation：パルス符号変調) 方式により伝送するディジタル伝送路が経済的になり，アナログ伝送路に代わって導入されるようになった．一方，交換機についても，LSI の進歩により通話路のディジタル化が経済的に実現できるようになり，伝送路からのディジタル信号をそのまま交換接続できるディジタル統合 (digital integration) が構築できるようになった．

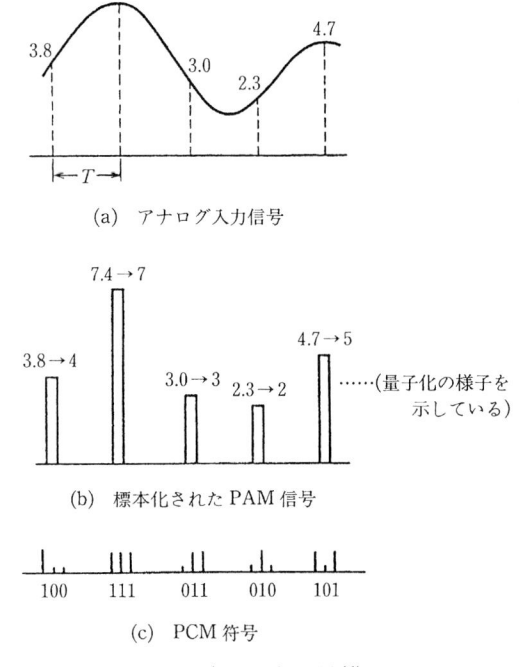

(a) アナログ入力信号

(b) 標本化された PAM 信号 ……(量子化の様子を示している)

(c) PCM 符号

図 3.4 PCM の原理 (T：標本化周期)[1]

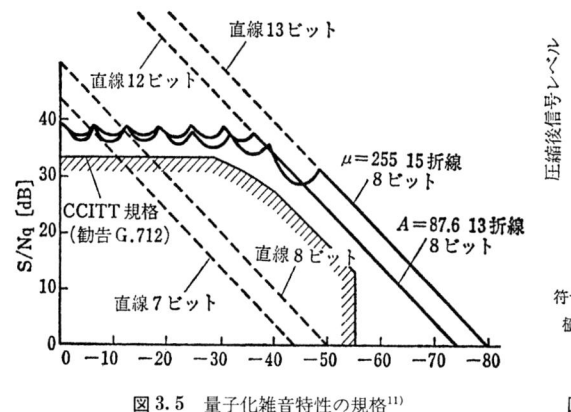

図 3.5　量子化雑音特性の規格[11] 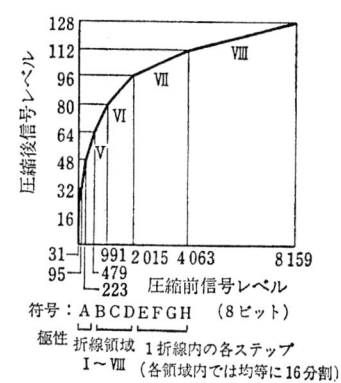　　　　図 3.6　15 折線圧縮符号化特性[11]

3.2.1 PCMの原理

標本化定理によれば，アナログ信号に含まれる最高周波数の 2 倍以上のパルス列でサンプリングすることにより，原信号を忠実に伝送できる．そこで，図 3.4 のようにサンプリングにより得られる **PAM**（pulse amplitude modulation：パルス振幅変調）信号を量子化したうえで，2 進符号化することによって PCM 信号が得られる．2 進符号化するときの丸めの誤差を **量子化雑音** といい，同図 (c) では簡単化のため 3 ビット符号化の場合を示しており，量子化雑音は信号に対して比較的大きくなっている．

標準 PCM 方式では，音声信号（最高 4 kHz）を 8 kb/s のパルス列でサンプリングし，8 ビット符号化することにより 8 k×8＝64 kb/s の PCM 符号となる．一方，図 3.5 に示すように音声信号に必要なダイナミックレンジに対して，量子化雑音を信号に対して十分小さくするよう ITU-T で基準が定められている．この特性を満足するために，小振幅信号に対しては細かいステップで，また大振幅信号に対しては粗いステップでそれぞれ量子化することにより少ないビット数で必要とする量子化雑音特性を満足することができる．このような符号化方式を **非直線符号化** という．図 3.5 では，8 ビット直線符号化では 10 dB 程度の範囲しか規格を満足していないが，15 折線圧伸特性による非直線符号化では小振幅時において 13 ビット **直線符号化** と同程度の特性が得られており総合的に規格を満足していることがわかる．図 3.6 に 15 折線圧縮符号化特性を示す．

送出方向 ←

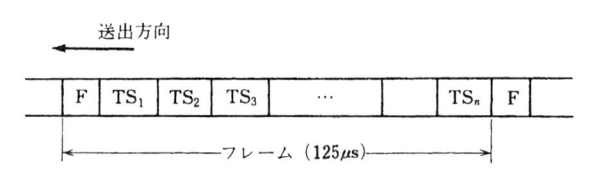

| F | TS$_1$ | TS$_2$ | TS$_3$ | ... | TS$_n$ | F |

←——————フレーム (125μs)——————→

図 3.7　時分割多重情報のフレーム構成[1]
F：フレーム識別情報　TS：タイムスロット

3.2.2　多　重　化

　PCM 符号化方式では，図 3.4 に示したように，ある回線の情報を伝送するのに，周期 T の間隔でそのときの振幅情報を送ればよく，光ファイバでの伝送を考えると非常に高速に情報を送ることができるので，少し時間をずらせてやれば別の回線の情報を送ることができる．そのため，PCM 信号は図 3.7 に示すように周期 T（この間隔をフレームという）の時間内に n 回線の情報を送れるように，タイムスロットを時分割多重して伝送される．そして，フレーム内の各タイムスロットの位置を識別できるように，フレーム識別情報が付加されている．この多重信号を受信した側では，この情報を抽出したうえで，タイムスロット番号を識別する．この操作を，**フレーム同期**をとるという．

3.2.3　時分割交換通話路網

　まず，ディジタル多重回線を収容するディジタル市外交換用通話路から考えてみよう．いま簡単のために 3 回線が多重化された入力回線（これを入ハイウェイとよぶ）が 2 本収容されている場合について考える．そして，電話機 #11 と #12, #21 と #22, ならびに #13 と #23 がそれぞれ通話できるような交換接続を考えよう（図 3.8）．
　#11 と #12 および #21 と #22 はそれぞれ同一ハイウェイに収容されているので，相互に通話できるためにはタイムスロットの入換えが必要であり，このために時間スイッチによってタイムスロット位置の変換が行われている．そして，入ハイウェイと出ハイウェイはそれぞれ同じ番号のハイウェイ間を接続するように必要な時間だけ空間スイッチのゲートが開けられる．#13 と #23 はタイムスロット位置は同じであるが，収容されているハイウェイが異なるので，入ハイウェイ 1 から出ハイウェイ 2 へ，また入ハイウェイ 2 から出ハイウェイ 1 へとタ

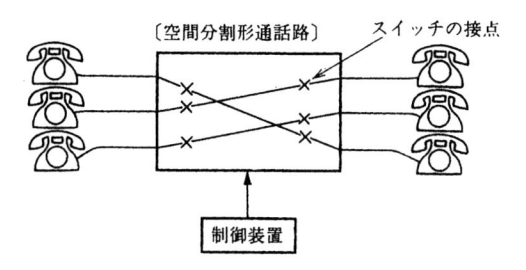

(a) アナログ交換

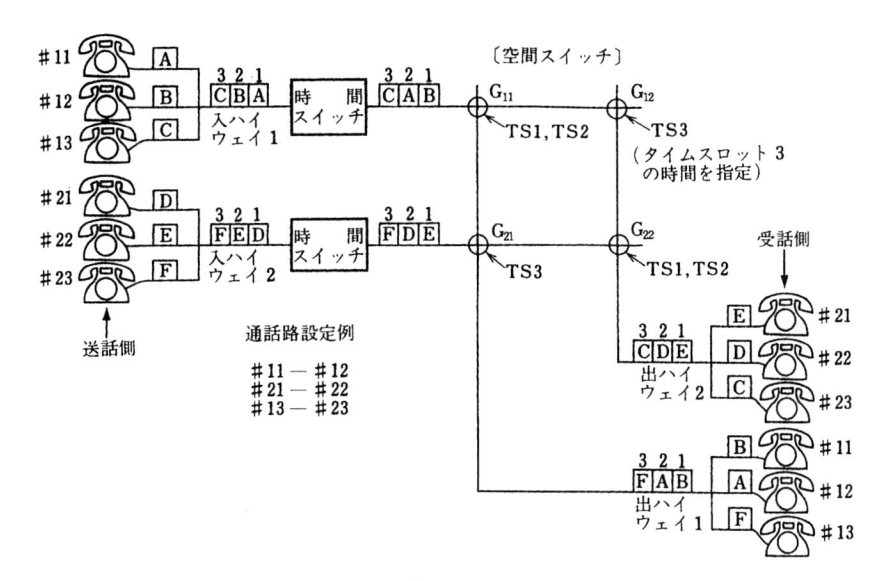

(b) ディジタル交換

図 3.8 時分割交換通話路の動作原理[1]

イムスロット 3 の時間に接続される．

このようにディジタル通話路は，多重化されたハイウェイ上の時間位置（タイムスロット）を変換する**時間スイッチ** (T) と，同じタイムスロット相互で入ハイウェイと出ハイウェイとの間を接続する**空間スイッチ** (S) の組合せで実現される．以下に各スイッチの構成を説明しよう．

a. 時間スイッチ

時間スイッチは，1 フレーム分のディジタル情報を記憶する通話メモリが基本

3. 交換スイッチ回路網

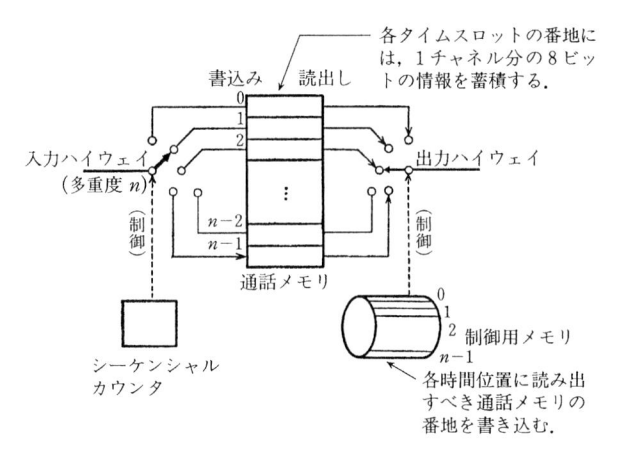

図 3.9 時間スイッチの原理

[図中の説明]
- 各タイムスロットの番地には，1チャネル分の8ビットの情報を蓄積する．
- 書込み / 読出し
- 入力ハイウェイ（多重度 n）
- 出力ハイウェイ
- 制御 / 制御
- 通話メモリ
- シーケンシャルカウンタ
- 制御用メモリ
- 各時間位置に読み出すべき通話メモリの番地を書き込む．

となっている（図3.9）．時分割多重された信号をタイムスロットごとにメモリ（RAM）内の異なるアドレスに順次格納し，読み出す際に制御メモリによって任意のタイムスロット時刻に読出し制御することによってタイムスロットの入換え，すなわちスイッチ機能を実現するものである．制御用メモリには，呼制御をつかさどる中央処理装置からのタイムスロット入換え制御情報が格納される．このようにメモリを使って同一ハイウェイ上のタイムスロットを交換することにより，空間分割スイッチの $n \times n$（n＝ハイウェイ上の時分割多重度）の格子に相当するスイッチが実現できる．この多重度 n は LSI 技術の進展により増大するが，現在では4000多重程度の大形スイッチ構成が可能となっている．

多重度 n の T スイッチあたりの呼量容量 A は，平均リンク能率を β とすると，次式で表される．

$$A = n \times 0.5 \times \beta \tag{3.1}$$

時分割型通話路では図3.8に示したように4線式通話路を形成しており，1通話のために上り，下りの2チャネルを使用するので $n/2$ となる．T スイッチでは多重度が大きく取れるので内部輻輳率の限界品質を 0.005 とすると，90% 程度のリンク能率が期待できる．ところが，時分割型通話路の内部輻輳率は多重度が大きいために，空間分割型通話路に比べ，限界点に近いリンク能率近辺では内部輻輳率がリンク能率の増加に応じて急激に悪くなる（過負荷耐力が小さい）．このため，時分割型通話路の設計においては，日別呼数変動率（約30%）などを考

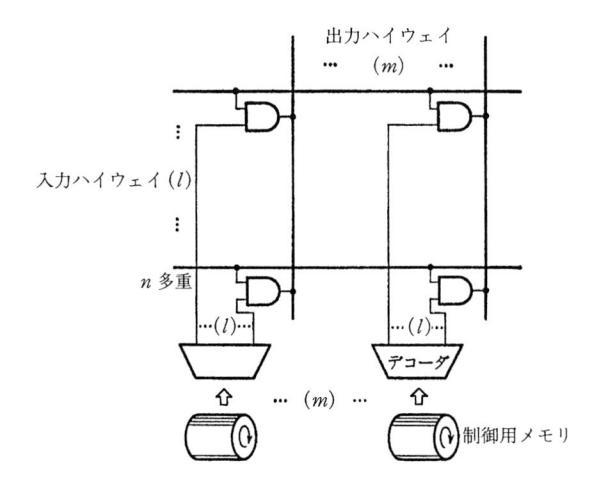

図 3.10 空間スイッチの原理[11]

慮して標準的な呼量容量を算出する．その結果，利用者が十分満足できて平常維持すべき標準品質に関しては1000多重のスイッチの場合呼量容量を 360 erl としている（$\beta \fallingdotseq 0.7$）．

b. 空間スイッチ

このスイッチは，ハイウェイを複数本集め，ハイウェイ上のタイムスロット位置は変えずにハイウェイ相互間の通話信号を交換接続するものである．すなわち，空間スイッチを用いることにより，複数の時間スイッチ相互間を接続することができ，通話路規模を拡大することが可能である．空間スイッチの構成を図 3.10 に示す．複数の入・出ハイウェイの交差点に配置され，時分割的に高速でON/OFF するゲートにより格子を形成し，入ハイウェイの各タイムスロット内信号を制御用メモリの指定により希望する出ハイウェイのタイムスロット位置に接続することができる．入ハイウェイ数 l 本，出ハイウェイ数 m 本，多重度 n の図の例では，$l \times m$ の空間分割スイッチ格子が，n 面存在するのと等価である．

c. 多段スイッチ

上記の 2 種類のスイッチを組み合わせることにより，規模，トラヒック特性および性能に見合った通話路を構成することができる．いくつかの組合せによる多段スイッチの構成形式および定性的特徴を表 3.1 に示す．チャネルグラフは，特定の入・出力端子間でとりうる経路の自由度を図式的に表したもので，チャネル

表 3.1 多段スイッチの構成形式と特徴[11]

形 式	TST	STS	T^3
構 成 (n：時分割多量数)	(図)	(図)	(図)
チャネルグラフ	(図) n	(図) K	(図) n/K
特 徴	トラヒック特性がよい.	K の値が大きくできないため，トラヒック的な制約がある.	トラヒック特性がよい．ハード量およびインタフェース線が多い.

数が大きくとれる構成形式は通話路の内部呼損率を小さくできる．各構成形式はそれぞれ固有の特徴をもっているが，なかでも TST 構成は，高速メモリの使用によって多重度を大きくすることができ，少ないスイッチ段数で内部呼損率の小さい大規模通話路を実現することができる．NTT で使用されている D70 形ディジタル交換機では，多重度 $n=1024$，16×16 の空間スイッチにより 4800 erl の TST 通話路が構成されている．

3.2.4 網同期

回線交換網では複数の交換局がディジタル回線で相互に接続されているので，ある局の時分割型通話路網についてみると，入ハイウェイは複数の相手交換局からの信号を運んでくる．時分割型通話路網での動作原理から明らかなように，空間スイッチにおいてはすべてのハイウェイのタイムスロット位置がそろっていなければならない．このためには，網全体のクロック周波数が一致していること (**周波数同期**) と，複数の相手局からの互いにフレーム位相の異なる多重化ディジタル信号を自局内の PCM フレームの位相にそろえる必要 (**位相同期**) がある．

周波数同期には，表 3.2 のように独立同期，従属同期，相互同期の 3 方式がある．ディジタル統合網の初期段階では，発振器の精度が低かった ($10^{-6} \sim 10^{-8}$) ので相互同期方式が用いられたが，最近は国内では 1～2 局に高精度 (10^{-11}) の原子発振器を設置し，平常時はこれに従属させる弱結合形の**従属同期方式**を採用している．一方，国際間では従属関係を形成するのがむずかしいため独立同期方式を

表 3.2 周波数同期の分類[1]

方式	特徴	発振器
独立同期	各局に高精度の発振器を設置し、各局のクロック源を独立させる.	精度 10^{-11} 以上のセシウム原子発振器が必要.
従属同期	主局に設置された発振器を基準とし、伝送路を経て従属局の可変発振器を同期させる.	
(a) 強結合形	主局のクロックにつねに追随する方式.	従属局は精度 10^{-8} 程度の発振器でよい.
(b) 弱結合形	主局の発振器が異常の場合、直前のクロックを保持する機能を有する.	従属局は精度 10^{-10} 程度の発振器が必要.
相互同期	各局に可変発振器を設置し、相互にクロックを送り合い調整する.	精度 10^{-5} 程度の水晶発振器でよい.

採用している.

3.2.5 加入者回路

　空間分割型通話路では、電話機に対する通話電流の供給や呼出信号、ハウラ音の送出などは中継線側に共通に設けられたトランク回路から行っていた. しかし、時分割型通話路では、直流や呼出信号などを通すことができないので、このような機能は音声信号の A-D 変換機能とともに通話路の前段に加入者対応に配置しなければならない. 図 3.11 に**加入者回路**に配備される機能を空間分割型通話路の場合と対比して示す. 時分割型通話路ではつぎの機能（各機能の頭文字を並べて **BORSCHT** とよばれている）が必要となる. また、図 3.12 に加入者回路の構成を示す.

　i. 電話機の動作制御に関する機能　　電話機に通話電流を供給するための機能（B 機能）、電話機のオンフック/オフフックに対応した加入者線ループ電流の有無の監視機能（S 機能）、電話機への呼出信号送出と被呼者応答時の送出停止機能（R 機能）、さらに直流電流の極性を反転する転極機能、受話器はずしを知らせるハウラ音送出機能など.

　ii. アナログ-ディジタル変換機能　　2 線式の加入者線を 4 線式のディジタル通話路に接続するための 2 線-4 線変換機能（ハイブリッド機能、H 機能）、A-D、D-A 変換機能（C 機能）.

　iii. 電子化にともなう機能　　電子部品で構成する加入者回路を誘導雷サー

52　3. 交換スイッチ回路網

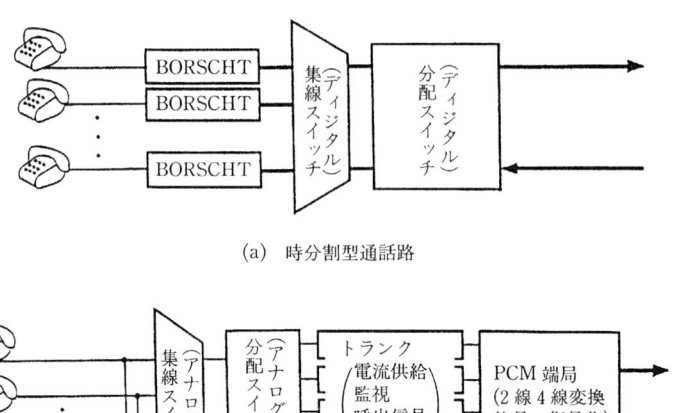

(a) 時分割型通話路

(b) 空間分割型通話路

図 3.11　加入者回路に配備される機能

ジや電力線混触などから保護するための過電圧，過電流に対する保護機能（O 機能）．

iv. 故障試験に関する機能　加入者線や電話機の異常，交換機の異常などを切り分けるための試験引き込みスイッチの配備（T 機能）．

このような機能をもつ加入者回路は，多機能で高精度，高耐圧の特性が必要であり，また加入者ごとに装備されることになるので加入者線交換機全体に占めるハードウェア量，コストの割合が大きくなるため，その経済的構成法が重要な課題となる．このため，リレーやトランスを用いることなく，全電子化，LSI 化が行われており，最近の D70 形ディジタル交換機では，BRT 機能を搭載した高耐圧 LSI と SCH 機能を搭載した低耐圧 LSI の 2 チップ構成の全電子化加入者回路が採用されている．

3.2.6　トランク回路

ディジタル交換機におけるトランク回路は，図 3.11 に示したように，すべてディジタル化された情報を扱うことになる．以下に，ディジタル信号の送信処

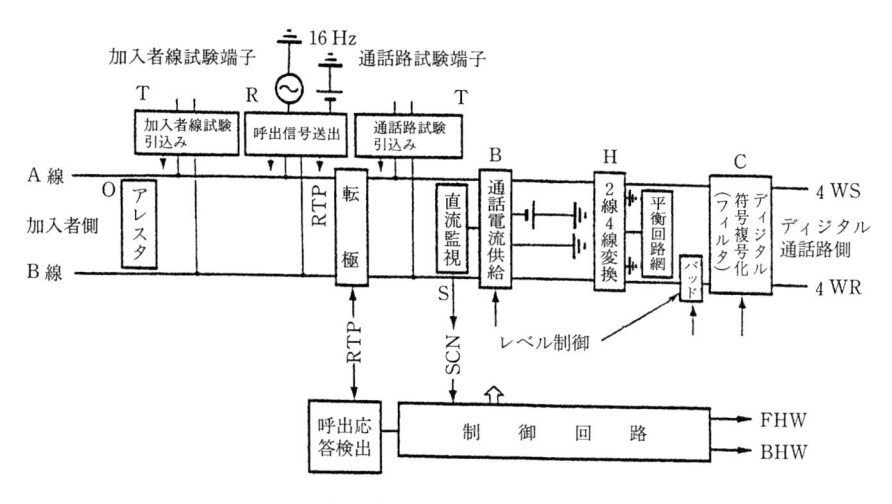

図 3.12 加入者回路の構成

B : battery supply　　C : codec
O : over voltage protection　　H : hybrid
R : ringing　　T : test
S : supervision

理，受信処理，ならびに会議通話などで必要となる信号の混合技術について述べる．

a. 信号の送信処理

発信音，話中音のようなユーザへの可聴音信号については，周波数と送出レベルが規定されており，条件を与えると波形のサンプル値（サンプリング周期125 μs）は数値計算が可能である．これらのディジタルサンプル値を音源別に前もってメモリ（ROM）に格納しておき，音源対応の信号タイムスロットにカウンタを用いて順次読み出すことで信号の送信処理が可能となる．

b. 信号の受信処理

交換機におけるアナログ信号の受信器は，従来はコイル，コンデンサ，抵抗などの個別部品によるアナログフィルタを用いて構成されていた．ディジタル交換機では，いったんディジタル信号に変換された入力を再度アナログ形式に戻す形式では，小形化，経済化を阻害するなどの理由から，ディジタル信号のまま処理する方法が一般的である．ここでは，PB信号の受信に適用されているディジタルフィルタ技術について述べよう．

表 3.3　ディジタルフィルタとアナログフィルタの対比[1]

		アナログフィルタ	ディジタルフィルタ
信号		正弦波	AD→ディジタルフィルタ→DA
基本素子		$V = j\omega L I$ $V = \dfrac{I}{j\omega C}$ $V = RI$	遅延素子　$Y = e^{-j\omega T} X$ 乗算器　$Y = aX$ 加算器　$Y = X_1 + X_2$
フィルタの例	低域通過フィルタ	R-C回路	Z^{-1}帰還（係数 1）
	高域通過フィルタ	R-L回路	Z^{-1}帰還（係数 −1）
	帯域通過フィルタ	R-LC並列回路	Z^{-1} 2段構成（係数 a_1, a_2, a_3, a_4）

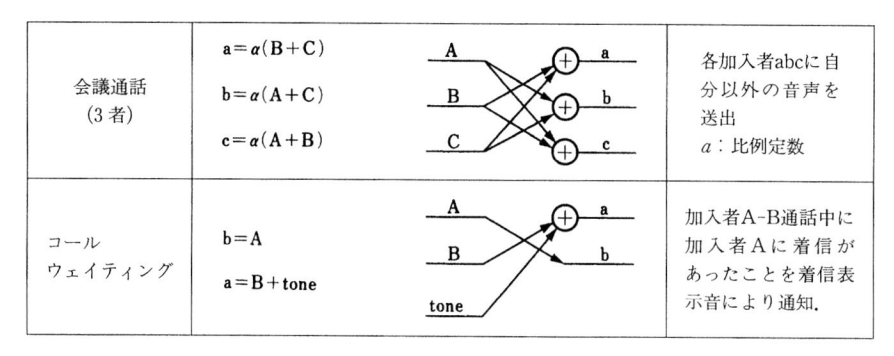

会議通話 (3者)	$a = \alpha(B+C)$ $b = \alpha(A+C)$ $c = \alpha(A+B)$	A→⊕→a B→⊕→b C→⊕→c	各加入者abcに自分以外の音声を送出 α：比例定数
コール ウェイティング	$b = A$ $a = B + tone$	A→⊕→a B→→b tone→	加入者A-B通話中に加入者Aに着信があったことを着信表示音により通知.

図3.13 音声混合トランク

ディジタルフィルタは，ディジタル信号に加減算，乗算などの代数的な演算を施すことによって，等価的にフィルタを実現するものである．表3.3にディジタルフィルタとアナログフィルタの対比を示す．最も簡単な低域通過形や高域通過形フィルタは加算器，乗算器，遅延素子それぞれ1個で構成される．高次のフィルタは，通常フィードバックループをもつ2次のフィルタを基本とし，これの縦続接続により構成される．ディジタルフィルタは，その係数値を変えることで特性を変えることができ，一つのハードウェアで種々の特性のものが構成できる．また，代数演算回路を係数値を変えながら時分割的に使うことで，実効的に高次のフィルタが構成できる．しかもLSIの適用に適しており，経済的でしかも温度変動，経年変化，製造ばらつきの少ない，きわめて安定な信号装置を構成することができる．

c. 信号の混合

会議通話，コールウェイティングなどでは，複数の回線の音声を混合することが必要となる．この機能を，ディジタル交換機のトランク回路では，加算回路，乗算回路を用いて，図3.13のように実現している．加入者からの音声A，B，Cを目的に応じて演算し，各加入者に音声a, b, cを送出する．

3.3 ATM系通話路

3.3.1 通話路の基本動作機能

1.4節に述べたように，1990年代後半になりマルチメディア通信サービスへの

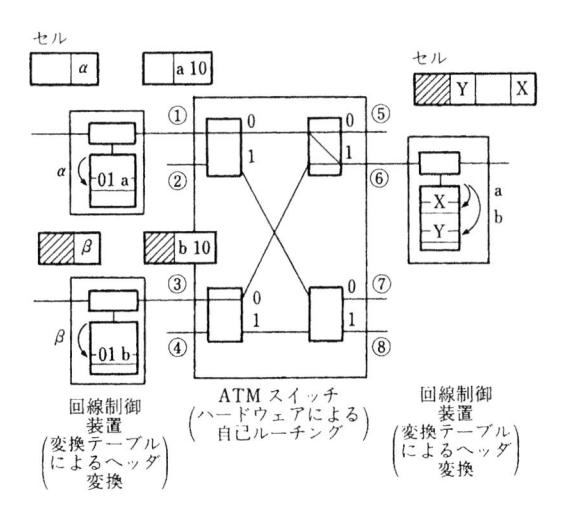

図 3.14　ATM スイッチの動作原理[1]

ニーズが高まってきたのに対応して，B-ISDN への展開が進められてきた．B-ISDN を構築する技術は，ATM (asynchronous transfer mode：非同期転送モード) である．

ATM スイッチの原理を図 3.14 に示す．ATM では，情報を 48 バイト単位に区切り，それに 5 バイトのヘッダを付与してセルを構成する．そして情報の速度に応じてセルの送信密度を可変にしてネットワークに送り出される．ネットワークでは，セルのヘッダにつけられている宛先情報だけを頼りに，セル単位でのスイッチング（一種の交換動作）を行う．ATM スイッチでは，入出力側に回線制御装置を設置し，ヘッダの変換処理をつかさどる．そして，スイッチ網の内部では，ヘッダ部分のルーチング情報に基づき，ハードウェアによる**自己ルーチング**を行う．すなわち，交換処理装置（ソフトウェア）は発呼時に呼対応にスイッチ網内の論理チャネル番号を割り当て，回線制御装置にルーチング情報として変換テーブルに記憶させておく．

ATM スイッチに情報が到着した時点では，ヘッダにはネットワークを転送するのに必要な情報が記述されている．これらの情報を図 3.14 では，回線 ① では"α"，回線 ③ では"β"としている．そして，回線 ① も回線 ③ も，回線 ⑥ に送出すべきものとする．したがって，交換処理装置では，回線 ① および回線 ③

のコネクション（接続を要求された際に仮想的な接続関係）を設定する際に，あらかじめ①から⑥へ，および③から⑥へのスイッチ内のルートを確保し，その情報を回線制御装置の変換テーブルに記録しておく．その結果，回線制御装置では，送られてきたセルのヘッダをみて，"α"，"β"に対応してヘッダをATMスイッチ内で使用するルーチング情報"01a"，"01b"に書き換える．

ATMスイッチは，ルーチング情報の各ビットを見て，それが"0"ならば出力端子の0番へ，"1"なら出力端子の1番へそれぞれ接続するという処理をハードウェアで高速に行う素子で構成されている．パケット交換では，パケットの処理をソフトウェア的に行っているが，ATMでは高速・高集積LSIを用いた専用ハードウェアによるので，5～10 G（giga：10^9）b/s程度のスループットという高速処理が可能となる．あるスイッチに同時にセルが到着した場合はバッファメモリにいったん蓄積され，交互に送出されるようにしている．

また，相手の交換機に送出する際には，同様にネットワークにおけるルーチング情報を記述しておく必要がある．図の例では，回線①に"α"で到着したセルは回線⑥に"X"で，回線③に"β"で到着したセルは回線⑥に"Y"で，それぞれ送出すべきものとする．したがって，出力側の回線制御装置では"a"，"b"に基づき，論理チャネル番号"X"，"Y"にヘッダを書き換えて中継線に送出する．つぎの交換システムでも同じように，論理チャネル番号"X"，"Y"をもとにルーチングを行っていくことになる．最終的には，セル分解装置で，到着したセルのヘッダを解読して，もとの連続情報に戻す処理を行う．

3.3.2 通話路の基本モジュール
a. 空間分割型スイッチ

i. バニヤンスイッチ　図3.14に示したセルフルーチングのスイッチ回路網の構成法を説明しよう．高速で制御の容易なスイッチとして，2入力2出力の単位スイッチを多段に接続した**バニヤン（Banyan）スイッチ**とよばれるスイッチの構成法がある．このスイッチはATM交換に適用される以前には，マルチプロセッサシステムのプロセッサ間接続のために研究されていたものである．基本的な構成と動作は，図3.15に示すように，$N \times N$のスイッチを構成するには，2入力2出力のスイッチを$\log_2 N$段接続する．そして，情報にルーチング用として宛先ヘッダをつけ，N本の回線を識別するために$\log_2 N$ビットの情報

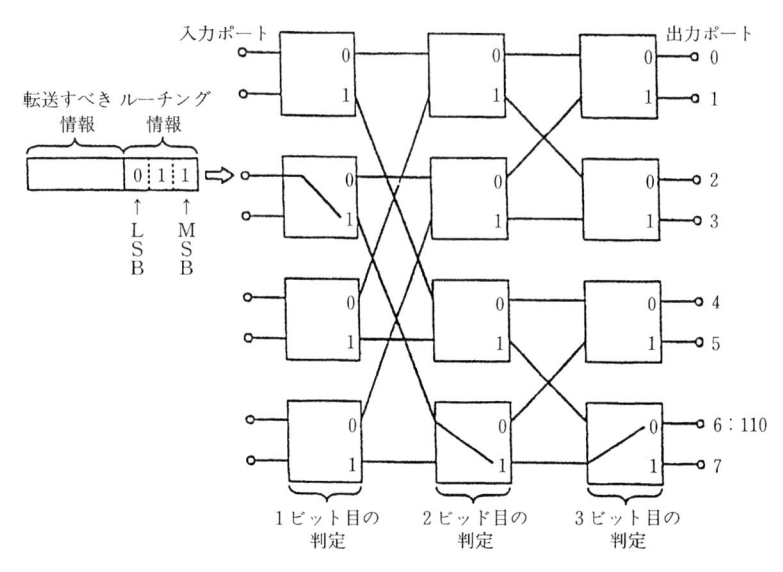

図 3.15 バニヤンスイッチの構成

が必要となる.図では,8×8 (8入力,8出力) のスイッチなので,3段で構成され,3ビットで出線を選択している.すなわち,第1段目のスイッチでは,ヘッダの MSB (most significant bit：最上位のビット) をもとに出力先を選び,第 i 段目のスイッチでは第 i 番目のビットをもとに出力端子を選択する.入線"2"に「110」のヘッダをつけた情報が入ってくると,図の接続により,出線"6"に出力される.

ii. Batcher-Banyan スイッチ

バニヤンスイッチでは,多段構成にすると,入力端子,出力端子が空きであっても途中の階梯で衝突することにより内部ブロックが大きくなる.このため,バニヤンスイッチの前段に分配スイッチをつけたり,ソーティング機能を前段につけたりする工夫が施される.その一例として,**Batcher-Banyan スイッチ**を説明しよう.

バニヤンスイッチは,入力するセルが,宛先アドレス番号の小さなものから順に配列してやれば,内部ブロックをなくすことができることから,バニヤンスイッチの前段に Batcher ソーティング網を配して,あらかじめソーティングを行ったあとにバニヤンスイッチでセル交換を行うものである (図 3.16 参照).

Batcher ソーティングは Batcher により考えられたソーティングアルゴリズ

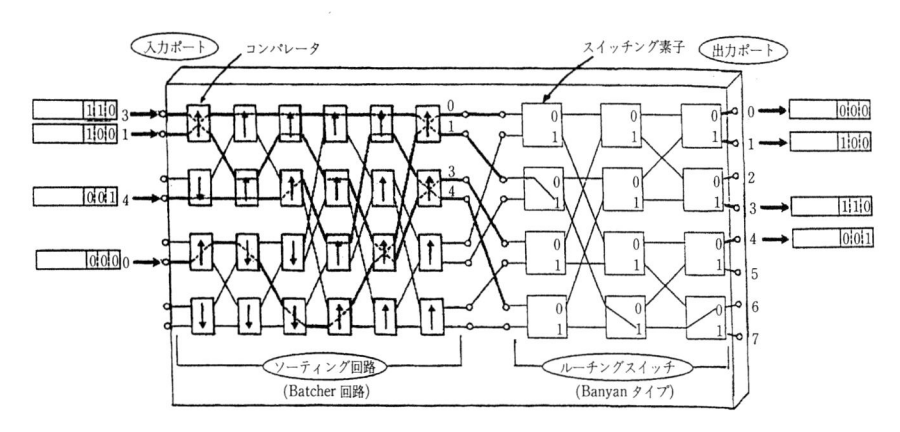

図 3.16 Batcher-Banyan スイッチの構成

ムで，二つの数の大小比較を繰り返すことにより任意の長さの数列をソーティングすることができる．図 3.16 の例で動作を説明しよう．図では 8 入力の場合を示しており，Batcher 網は 6 段となっているが，前半の 3 段ではまず 4 入力ずつのソーティングを行い，後半の 3 段で 8 入力のソーティングを行っている．Batcher 網に使われている矢印のついたコンパレータは，矢の向いているほうの端子にアドレスの小さいセルが出力される．一般的に N 本の入力をソーティングするのに必要なスイッチの段数は，$\log_2 N \cdot (\log_2 N + 1)/2$ となる．

このタイプのスイッチは，2 入力 2 出力の高速デバイスを並べていくタイプで，集積化に便利な構造と考えられ，ATM の導入初期に使用されたが，最近ではあまり使われなくなっている．

iii. 入力バッファ形スイッチ このタイプのスイッチは，スイッチ内部のインターコネクション部分や出力回線でセルの衝突が発生しないように，あらかじめスケジューリングを行ってから，セルの転送を行う．この構成では，スイッチ内部の動作速度を，入出力回線速度と同等の速度とすることができるが，全入出力回線にわたってセル転送のスケジュールを行う必要があり，スイッチ規模が大きくなると制御が複雑になる（図 3.17 参照）．

iv. 入出力バッファ形スイッチ このタイプのスイッチは，スイッチ内部の速度を入出力回線速度に対して高速化することにより，内部での衝突を回避する構成である．ブロックされたセルは，入力バッファから再度転送することによ

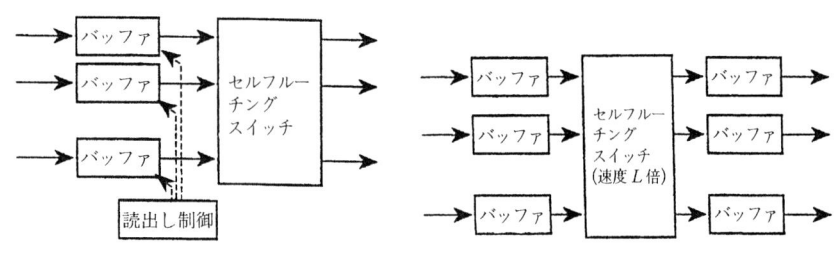

図 3.17　入力バッファ形スイッチ

図 3.18　入出力バッファ形スイッチ

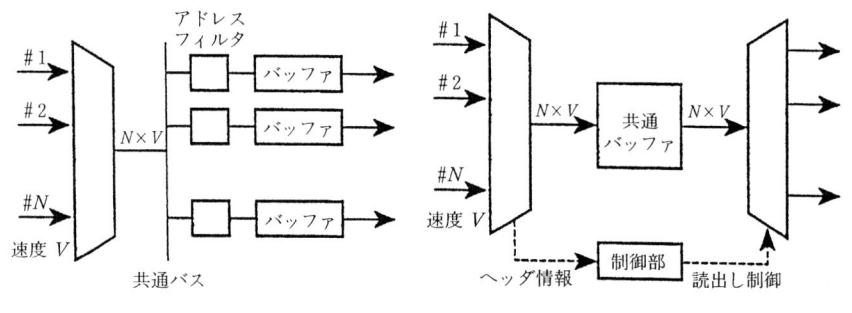

図 3.19　共通バス形スイッチ

図 3.20　共通メモリ形スイッチ

り，セルの紛失を救済する．この再送メカニズムにより，内部速度を入出力回線の N 倍まで上げなくても内部ブロックを低く抑えることができるが，空間分割型の他のスイッチと比べると内部の高速動作が必要となる（図 3.18 参照）．

b.　共通リソース型（時分割型）スイッチ

i.　共通バス形スイッチ　　共通バス形スイッチは最も単純な構造の ATM スイッチで，図 3.19 に示すように速度 V の入力回線 N 本分のトラヒックを速度 $N \times V$ のバス上に多重化する．各出力回線では，アドレスフィルタにより自回線宛のセルのみを取り出して，出力回線上に転送する．ATM スイッチでは，複数の入力回線から一つの出力回線に同時にセルが到着することがあり，セルの衝突が起こる．このときにもセルをスムーズに流すためには，スイッチ内にセルバッファが必要となる．このように，共通バス形スイッチでは，出力回線ごとにセルの待合せをさせるバッファが必要となるので，出力バッファ形スイッチともよばれている．

ii.　共通メモリ形スイッチ　　共通メモリ形スイッチは，図 3.20 に示すよう

に，複数の入力回線からの到着セルを共通的なバッファに書き込み，セルの読出しは出力回線ごとに管理され，各出力回線に転送される．各入出力回線からの共通バッファへのアクセスを制御するための回路が必要となり，共通バス形スイッチと比較してハードウェアは複雑になるが，各出力回線に対するバッファを共用できるため，スイッチ全体のメモリ量を削減することができる．しかも，近年の高速 LSI 技術の進歩によりこの形式のスイッチが主流となっており，40 Gb/s 程度のスループットをもつスイッチが実現されている．

演習問題

(1) 電話用 PCM を説明せよ．
(2) 時分割型通話路の動作原理を説明せよ．
(3) 時分割型通話路における空間スイッチ S と時間スイッチ T の構造と動作を説明せよ．
(4) BORSCHT 機能を説明せよ．
(5) ATM スイッチの動作原理を図を使って説明せよ．

4. 信号方式とプロトコル

　電話機と交換機または交換機相互間における接続制御情報を伝達する手段を信号方式 (signaling system) とよび，交換システムの発展とともに各種の方式が開発され導入されてきた．一方，コンピュータ間通信の出現にともない接続制御手段としてプロトコル (protocol：通信規約) の概念が導入された．本章では以下の項目について説明する．
(1) 電話交換に使われる信号方式はどのような仕組みか．
(2) 信号方式の高度化およびプロトコルを理解するために必須の基本技術として，データ伝送に関する各種技術を理解する．
(3) 交換機相互間の信号方式として重要な役割を果たしている共通線信号方式の仕組みを理解する．
(4) コンピュータ間の通信に必要となる各種プロトコルの仕組みについて理解する．
(5) ISDN の信号方式とプロトコルはどうなっているか．
(6) 超高速マルチメディアネットワークの基本技術である ATM (非同期転送モード) のプロトコルの仕組みを理解する．

4.1 電話交換のアナログ信号方式

4.1.1 呼接続と信号方式
　2.1 節において電話機 A から電話機 B に電話をかける場合の基本機能について述べた．電話の接続過程において使用される信号方式を整理すると図 4.1 のようになる．接続制御用として回線の空き塞りの表示や，起動・切断の制御などに用いられるものを**監視信号**，被呼者の電話番号など数字情報を送るものを**選択信号**とよぶ．また，電話機と交換機の間に適用されるものを**加入者線信号方式**，交換機と交換機との間に適用されるものを**局間信号方式**とよぶ．このうち局間信号

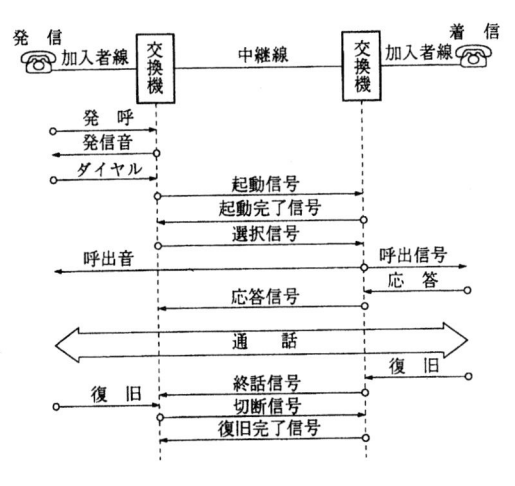

図 4.1 電話交換の信号方式[2)]

方式は，アナログ交換の時期には回線ごとに個別に送られる方式がとられてきたが，電子交換の普及とネットワークのディジタル化の進展により，現在では高度なデータ伝送技術を適用した**共通線信号方式**が全面的に導入されているので，4.4 節で述べる．

4.1.2 加入者線信号方式

最近の電話機は電子化されたり，多機能化されたりしているが，信号方式を理解するためには本質的な機能について理解すれば十分である．そこで，1963 年以降 NTT の標準電話機として広く使用されてきた 600 形電話機（回転ダイヤル式）について述べることとする．この電話機の回路は図 4.2 のとおりで，主要な機能はつぎのとおりである．

a. 起動および切断

受話器を上げる（off hook）とフックスイッチ H_s が閉じ，送話器を通って端子 $L_1 \cdot L_2$ 間に直流ループ回路ができ，これが交換機に対する起動信号となる．受話器を掛ける（on hook）と H_s が開き，ループ回路が断たれて切断または終話信号となる．

b. 呼出信号の受信

on hook 状態で，図 4.3 のような回路で交換機から呼出信号（16 Hz）が送ら

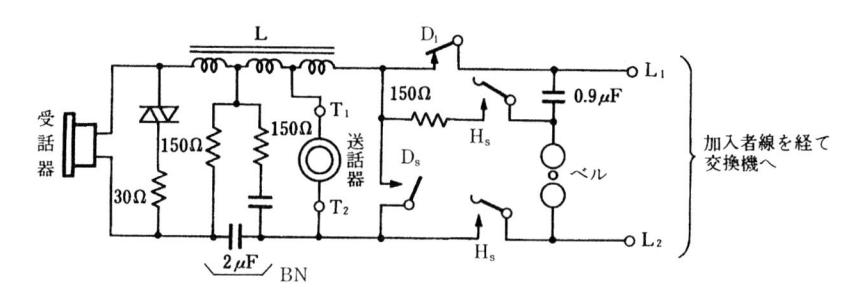

図 4.2 電話機回路 (600 形回転ダイヤル式)[1]

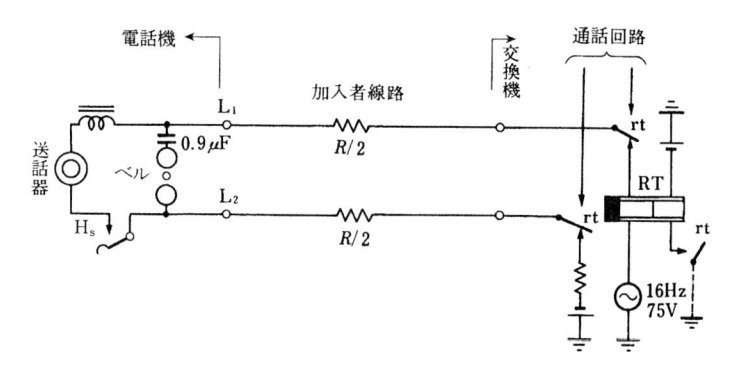

図 4.3 呼出信号の回路[1]

れ，コンデンサを介してベルを鳴動させる．この場合，リレー RT は交流不感動特性を有するため 16 Hz 信号では動作しない．ここで受話器を off hook すると H_s が閉じ，直流ループができてリレー RT が動作する．そして接点 rt により RT が保持され，呼出信号の送出を停止し，加入者線は通話回路へ切換接続される．これを**リングトリップ**と称する．

c. 可聴信号音の受信

off hook の状態で，交換機から送られてくる信号音を受話器を通して加入者に聞かせる．

d. 送話・受話の分離

電話機と交換機を結ぶ加入者線は L_1, L_2 の 2 本の線であり，この線を使って送話器からの音声を送出する際に，自分の音声が受話器にまわり込まないように，**ハイブリッド機能**が設けられている．3 巻線の線輪 L と平衡回路 BN (balancing network) が，その機能を果たす．BN は電話機から線路側を見たインピーダンスに等しく設定されている．また，快適な通話を保証するためには，加入者線での損失は 7 dB 以下でなければならない．

e. 選択信号の送出

加入者のダイヤル操作により，交換機に対して数字情報を送る．ダイヤルには，回転形と押しボタン形がある．

i. ダイヤルパルス信号 回転ダイヤルの特定数字を指止めまで回すと，図 4.2 の接点 D_s が閉じ，送受話回路を短絡してループ抵抗を減らす．指を放すとダイヤルは定速度で反転復帰し，数字数だけ接点 D_I が開閉し，ダイヤルパルスを送出する．ダイヤルパルスの特性は，図 4.4 に示すように，メーク時間，ブレーク時間をそれぞれ T_M, T_B とすれば，

$$\left. \begin{array}{l} 速　　度 = \dfrac{1}{T_M + T_B} \quad [\text{PPS}] \\ メーク率 = \dfrac{T_M}{T_M + T_B} \times 100 \quad [\%] \end{array} \right\} \quad (4.1)$$

で表される．ただし，[PPS] はパルス/秒である．また，数字パルス列と数字パルス列の間の時間 T_P はダイヤルポーズとよばれ，数字の桁間を識別するために，$T_p \geq 650 \text{ ms} = T_{pm}$ は必要で，T_{pm} をミニマムポーズという．

速度は 10 PPS と 20 PPS の 2 種類があるが，クロスバ交換機以降は 20 PPS が標準となっている．なお，いずれの速度のものでもメーク率は 33.3% が標準である．ダイヤルパルスは，直流を ON・OFF するものなので，電話機と交換機との間での情報伝送は可能であるが，ネットワークを介した伝送方式には適していない．ダイヤルパルスをひずみなく伝送するためには線路抵抗が 1500 Ω 以下でなければならない．

ii. 押しボタンダイヤル信号 押しボタン（PB: push button）ダイヤルは，図 4.5 のような高群 3 周波，低群 4 周波のそれぞれから 1 周波ずつを組み合わせて，数字のほか機能ボタン（*, #）の合計 12 種類の信号を送出できる．回転ダイ

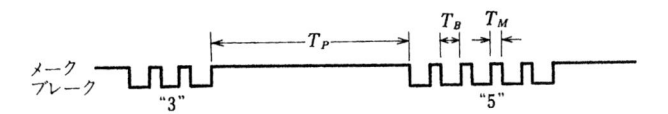

図 4.4 ダイヤルパルス（数字 "35" の例）[1]

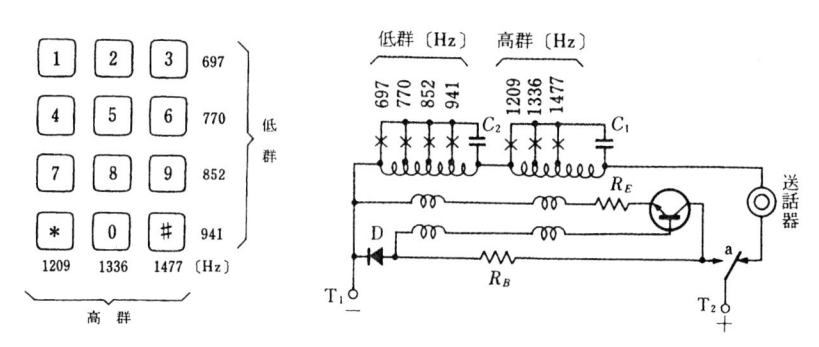

図 4.5　押しボタンダイヤルの周波数配置[1]　　　図 4.6　押しボタンダイヤル回路[1]

ヤルに比べて高速伝送ができるうえ，*，#と組み合わせて，短縮ダイヤルなど各種のサービスを提供でき，さらに信号が音声信号の帯域内の周波数を使用するため，ネットワークを介して数字情報を伝送することができるので，座席予約などの新しいサービスの展開が可能となっている．

押しボタンダイヤル回路の基本構成を図 4.6 に示す．図 4.2 の端子 T_1-T_2 間にこの回路を接続し，回転ダイヤル関係の回路を除去すれば押しボタン電話機（プッシュホン）が構成できる．図 4.6 は高群，低群の同調回路がトランジスタのエミッタベース回路に誘導結合して 2 周波の発振ができるようになっている．交換機の 48 V 電源から供給される直流電流により，抵抗 R_E でコレクタ，ベース電圧を，またダイオード D でエミッタバイアスを得るようになっている．a は共通接点で，いずれかのボタンを押すと動作し，同調コイルに蓄積されたエネルギーを利用して，回路が確実に発振するようにしている．信号の送出レベルは，低群 -10 ± 5.5 dBm，高群 -9 ± 5.5 dBm に設計されている．交換機側では，PB 受信器により PB 信号を受信し，数字情報に変換してレジスタに蓄積する．

4.2　データ伝送基本技術

アナログ信号方式では，直流とか，可聴周波信号とかが使用されてきたので，信号の流れだけを理解すればよかったが，コンピュータ相互を結ぶデータ伝送の技術の発展にともない交換機で扱う信号方式にも高度な技術の導入が必要となっ

てきた．本節では，データ伝送に必要な諸技術について基本事項を理解しよう．

4.2.1 伝送制御手順

データ端末を分類すると，**非同期端末**と**同期端末**に分けられる．データ端末が情報を受信する際に，接続された回線からクロック情報を受信し，そのクロック情報に従ってデータのビット位置を検出する端末を同期端末とよび，クロック情報なしに動作する端末を非同期端末とよぶ．非同期端末では，文字の区切りを識別する方法として**調歩同期方式**をとっており，同期端末では，**SYN 同期方式**をとる**ベーシック手順**と**フラグ同期方式**をとる **HDLC 手順** (high-level data link control procedure) が用いられる．

a. 調歩同期方式

非同期端末では，1 文字ごとに文字情報（一般には 8 ビット）の前後に**スタートビット**および**ストップビット**を付加して送信し，受信側ではスタートビットを検出すると信号速度と同期したサンプリングパルスを発生し，情報ビットを検出する．そして，ストップビットを検出すると一つの文字の認識を終了する．このように，必ずスタートビットとストップビットで文字を認識するので，スタート・ストップ方式，もしくは調歩同期方式とよばれる．この方式では，スタートビットの受信ひずみによってサンプリングパルスの時間位置がずれ，正確に受信できなくなることがあり，これを調歩ひずみとよぶ．この方式は，1200 b/s 以下の速度の端末に適用される．

b. ベーシック手順

この手順では，文字同期に SYN 同期方式を採用している．すなわち，ビット同期がとれた状態で SYN パターン (00010110) を連続的に送り，受信側では 1 ビットずつシフトしながらこのパターンを検出し，文字同期を確立する．いったん文字同期が確立すると一定の文字長で区切ることにより文字を識別できる．いくつかの文字の集合を伝送ブロックとよび，ベーシック手順では図 4.7 のような可変ブロック長のフォーマットが用いられる．ブロックの最初と最後を，開始符号 (STX：start of text)，終了符号 (ETX：end of text) で識別し，ブロックごとに誤り検出符号 (BCC：block check code) を付加する．BCC には**水平垂直パリティ**や**巡回符号**が用いられる（4.2.2 項参照）．

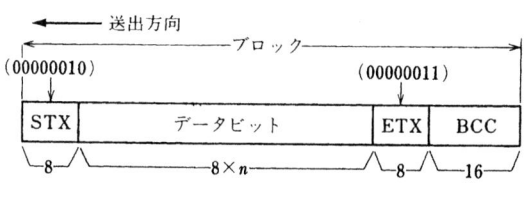

```
          ←── 送出方向
     ┌──────── ブロック ────────┐
 (00000010)              (00000011)
     ↓                       ↓
  ┌─────┬──────────────┬─────┬─────┐
  │ STX │  データビット  │ ETX │ BCC │
  └─────┴──────────────┴─────┴─────┘
    8        8×n          8    16
```

図4.7 ベーシック手順のフォーマット[1]

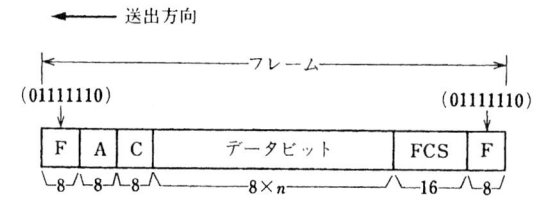

```
          ←── 送出方向
     ┌──────── フレーム ────────┐
 (01111110)              (01111110)
  ┌───┬───┬───┬──────────┬─────┬───┐
  │ F │ A │ C │ データビット│ FCS │ F │
  └───┴───┴───┴──────────┴─────┴───┘
    8   8   8     8×n       16   8
```

図4.8 HDLC手順のフォーマット[1]

c. HDLC手順

　ベーシック手順では送るべき情報データのなかにSTXやETXと同一の符号を含むことができない．そこで，このような制約を除き任意の符号を自由に伝送できる手順が開発された．この手順は，**HDLC手順**とよばれており，**フラグ同期方式**を採用し，図4.8のようなフレーム形式で伝送が行われる．すなわち，フラグシーケンス (flag sequence) として，フラグパターン (F : 01111110) をフレームの開始と終了に付加し（後続フレームの開始フラグは省略できる），これを文字同期とフレーム同期の両方に用いる．

　図において，Aはアドレスフィールドとよばれ，フレームの宛先や発信元アドレスなどが記述され，Cは制御フィールドとよばれ，各種の制御情報（コマンド，レスポンス）やフレームのシーケンス番号が記述される．また，FCSは，フレームチェックシーケンス (frame check sequence) とよばれ，誤り検出用の16ビットの巡回符号が用いられる（4.2.2項参照）．

　データフィールドは可変長（8ビットの整数倍）で，符号コードに制約のないようにする透過性の確保はつぎのようにして達成される．送信側で情報ビット列中に1が5個つづいたら強制的に0を挿入し，伝送路上ではフラグパターンが発生しないようにする．一方，受信側では1が5個つづいたあとの0は，すべて除去することにより原情報ビットを復元することができる．本方式は優れた透過性

と高い転送効率を有しており，ITU-T の標準伝送手順となっている．

4.2.2 誤り検出のための技術

情報データや制御信号の伝送中に雑音などにより誤りの発生する可能性があり，その対策として誤り制御が行われる．**誤り制御符号**としては**誤り検出符号**と**誤り訂正符号**がある．受信側で誤りが検出されたとき，それを訂正する方法として**自己訂正**と**再送訂正**の二つがある．誤り訂正符号を用いる場合は，前者を適用できるが，符号の冗長度が大きくなるため，一般にデータ伝送では再送訂正方式が適用される．代表的な誤り検出符号について以下に述べる．

a. パリティチェック符号

情報 n ビットのほかに 1 ビットのパリティビットを付加して，合計 $(n+1)$ ビットのなかで 1 の個数がつねに奇数（または偶数）になるようにパリティビットを調整するものを奇数（または偶数）パリティ符号とよぶ．この符号は，簡単な構成ではあるが，効率よく誤りを検出できるので，データ伝送のほか，各種情報機器の内部にも広く適用されている．

パリティチェック符号は奇数個の誤りをすべて検出できる．いま，ビット誤り率を p とし，各ビットの独立性を仮定すると，見逃し誤り率 P は近似的に次式で与えられる．

$$P \simeq \binom{n+1}{2} p^2 \tag{4.2}$$

1 ビットパリティの拡張形として，n ビットの情報を各 m ビットの小群に分割し，m ビットごとにパリティビットを付加する**垂直パリティ方式**や，各小群の第 1, 第 2, …, 第 m ビットのそれぞれの組にパリティビットを付加する**水平パリティ方式**がある．さらに，両者を組み合わせたものを**水平垂直パリティ方式**とよび，その一例を図 4.9 に示す．この場合，3 ビット以下の誤りはすべて検出可能で，任意の 2 行 2 列の交差点にあたる 4 ビットが同時に誤ったときのみ見逃し誤りとなる．したがって，$a \times b$ マトリクス構成の場合，式 (4.2) と同様の仮定で，見逃し誤り率はつぎのようになる．

$$P \simeq \binom{a+1}{2}\binom{b+1}{2} p^4 \tag{4.3}$$

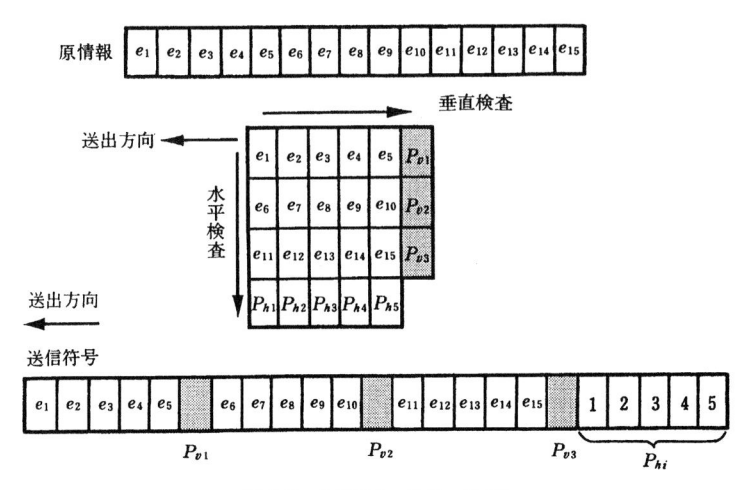

図4.9 水平垂直パリティ符号[1]

b. 巡回符号

2進情報 $a_n a_{n-1} \cdots a_1 a_0$ は符号多項式

$$F(X) = a_n X^n + a_{n-1} X^{n-1} + \cdots + a_1 X + a_0$$

で表すことができる．たとえば，情報100100101は，

$$F(X) = X^8 + X^5 + X^2 + 1$$

となる．ここで，＋は2を法とする(mod2)加法を表す．

情報 k ビットに $(n-k)$ 個のチェックビットを付加した n ビットの符号多項式が，$(n-k)$ 次の多項式 $P(X)$ で割り切れるものを**巡回符号** (CRC: cyclic redundancy code) といい，$P(X)$ を**生成多項式** (generator polynomial) とよぶ．

いま，k ビットの情報多項式を $G(X)$ とし，$X^{n-k} G(X)$ を $P(X)$ で割った商を $Q(X)$，余りを $R(X)$ とするとき，

$$\begin{aligned} F(X) &= X^{n-k} G(X) + R(X) \\ &= P(X) Q(X) \end{aligned} \quad (4.4)$$

で巡回符号 $F(X)$ が構成でき，$R(X)$ が**チェックビット多項式**となる．

$F(X)$ を伝送するとき，雑音などにより生ずる誤りビットパターンの多項式を $E(X)$ とすると，受信情報はつぎのようになる．

$$H(X) = F(X) + E(X) \quad (4.5)$$

受信側で $H(X)$ を $P(X)$ で割算し,もし割り切れなければ $E(X)$ が加わったことがわかり,誤りが検出できる.もし割り切れるときは,誤りが存在しないか,または $E(X)$ も $P(X)$ で割り切れるかである.したがって,誤り検出能力を高めるためには,実際に発生するであろうさまざまな誤りパターン $E(X)$ に対して,これを割り切れないような $P(X)$ に選定する必要がある.

[**例題4.1**] $k=3$, $n=5$ のとき,$(n-k)=2$ 次の生成多項式 $P(X)=X^2+1$ で生成される巡回符号を求めよ.

[**解**] いま,情報ビットを 110 とすると,$G(X)=X^2+X$ となり,つぎのような割算によって $R(X)$ を求めることができる.ここで,mod2 加法においては減算 ($-$) は加算 ($+$) と等価であることに注意する.

$$
\begin{array}{r}
111 \\
P(X)=\ 101\overline{)11000} \\
101 \\
\hline
110 \\
101 \\
\hline
110 \\
101 \\
\hline
11
\end{array}
\quad
\begin{array}{l}
=Q(X)=X^2+X+1 \\
=X^2G(X)=X^4+X^3 \\
\\
\\
\\
\\
\\
=R(X)=X+1
\end{array}
$$

そこで,式 (4.4) より

$$F(X)=X^2G(X)+R(X)=X^4+X^3+X+1$$

したがって,送出される情報は 11011 で,右端の2桁がチェックビットになる.

もし,伝送中に誤りパターン 100 が生じると,$E(X)=X^2$ となり,受信情報は式 (4.5) より,

$$H(X)=X^4+X^3+X^2+X+1$$

となる.これはつぎのように $P(X)$ で割り切れないから誤りが検出できる.

$$H(X)=P(X)(X^2+X)+1$$

巡回符号の主な性質は,以下に示す四つの定理にまとめることができる.

[**定理4.1**] 生成多項式 $P(X)$ が2項からなるとき,単一誤りを検出でき,(X^c+1) の因子を含むとき,すべての奇数誤りを検出できる.ただし,c は正整数とする

[**定理4.2**] X^e+1 が $P(X)$ で割り切れるための最小の正整数 e に対して,$P(X)$ は指標 e に属するといい,符号長が $n \leq e$ ならば,すべての単一および二

重誤りを検出できる．

[**定理4.3**] $P(X)=(X+1)P_1(X)$ で，$P_1(X)$ が指標 e_1 に属し，符号長が $n\leq e_1$ ならば，すべての奇数および二重誤りを検出できる．

[**定理4.4**] 連続した b ビットの誤りを長さ b のバースト誤りという．$P(X)$ が m 次のとき，$b\leq m$ のバーストをすべて検出でき，$b>m$ に対して見逃し誤り率 P はつぎのようになる．

$$P=\begin{cases} 2^{-m+1} & (b=m+1) \\ 2^{-m} & (b>m+1) \end{cases} \tag{4.6}$$

[**例題4.2**] 生成多項式 $P(X)=X^{16}+X^{12}+X^5+1$ で生成される巡回符号の性質を調べてみよう．この生成多項式は，前述の HDLC 手順や共通線信号方式（4.3節参照）に用いられている．

[**解**] $P(X)$ はつぎのように因数分解できる．

$$P(X)=(X+1)P_1(X)$$
$$P_1(X)=X^{15}+X^{14}+X^{13}+X^{12}+X^4+X^3+X^2+X+1$$

$P_1(X)$ は指標 $e_1=2^{15}-1$ に属することが確かめられる．したがって，定理4.3から，符号長が 4096 バイト未満の場合すべての奇数および二重誤りを検出できる．また，$P(X)$ は 16 次であるから，定理4.4より，$b\leq 16$ のすべてのバースト誤りを検出でき，$b=17$ および $b>17$ に対する見逃し誤り率は，それぞれ $P=2^{-15}=3.1\times 10^{-5}$ および $2^{-16}=1.5\times 10^{-5}$ となる．

4.2.3 誤り訂正のための技術

情報データを誤りなく送り届けるためには，4.2.2項に述べた誤り検出符号によってまず誤りの有無を検査し，誤りが検出された際には再送によって正しいデータを受信することになる．データが正しく送達されたことを確認する手段を**監視方式**とよび，2方式がある．一つは，送信側で常に受信側での検査結果を確認したうえでつぎのデータを送出する**交互監視方式**であり，もう一つは，送信側はデータを順次送信しており，受信誤りが通知された場合に再送する**同時監視方式**である．

a. 交互監視方式

この方式では，図4.10(a)のように一つのブロック（フレーム）が正しく受信されるつど，ACK（acknowledge：確認信号）を返送し，送信側で ACK 受信後，

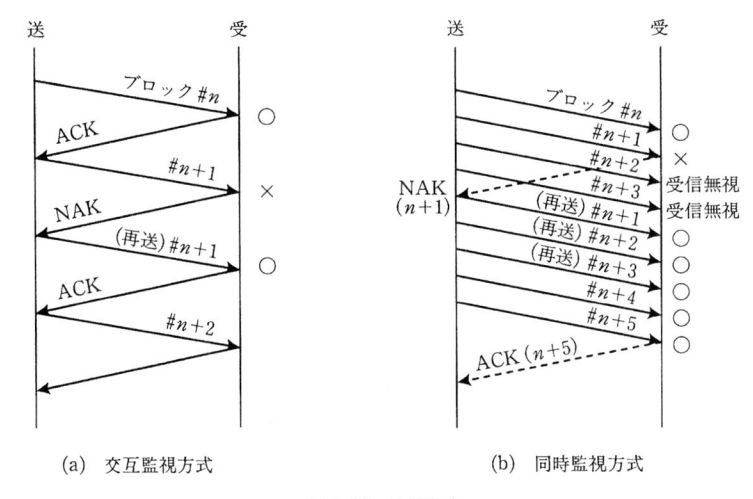

図 4.10 監視方式

つぎのブロックを送る．受信ブロックに誤りが検出されると，NAK (negative acknowledge：非確認信号) が返送され，直前のブロックが再送される．この方式では，1ブロックの情報を伝送するために往復の伝送が必要となり，伝送遅延が増加する．また，伝送路の空きが多いために伝送効率も低下する．この方式は，ベーシック手順に用いられている．動作モードから，stop-and-wait 方式ともよばれる．

b. 同時監視方式

この方式では図 4.10 (b) のように，受信確認を待つことなく送信側が連続的に最大 n ブロックまでのデータを送る．そのため，ACK には受信ブロックの番号を含めて送信側に通知し，それまでに伝送された複数の情報ブロックの ACK 情報を送り，誤りが生じたときは，NAK に誤って受信された情報ブロックのシーケンス番号を含めて返送し，そのブロック以降のブロックをすべて再送要求する (この方式を **go-back-N 方式** という)．この方式は，HDLC 手順に用いられている．

伝送路における伝搬遅延がブロックの転送時間に比べて大きくなってくると，交互監視方式では受信確認を待つため，伝送効率が同時監視方式に比べて悪くなる．また，伝送誤りの確率が低い場合には，受信誤りを検出した時点からデータ

の受信を止めてしまう go-back-N 方式に対して，データ受信は引きつづき実施していて，受信誤りのあったブロックだけを再送してもらい，再送データを正しく受信すると，それまで蓄積していた受信データに再送されたブロックを正しい位置に挿入して，処理を継続する方式が，受信効率を向上する面から望ましい場合もある．この方式を，**選択再送** (selective repeat) **方式**とよぶ．

4.2.4 情報転送効率化の技術

パケット交換のように蓄積再送機能を有するネットワークにおいて，各交換点（ノード）の受信バッファは有限であるから，これがオーバフローすることなく情報伝送を効率的に行うことが必要である．そのための手段として**フロー制御**が用いられる．

交互監視方式では ACK に受信バッファの空き塞り状態を表示することによって，この機能を達成できるが，同時監視方式では ACK を待たずに連続的にブロックの転送が行われるので特別な工夫が必要である．フロー制御の一方式として，パケット交換の標準プロトコル X.25 で用いられている**ウィンドウ制御**について説明する．

パケット交換では，一つのパケットがブロックに相当する．同時監視方式において，連続的に転送可能な最大パケット数は受信バッファの大きさで制限を受け，この大きさを**ウィンドウサイズ**とよび，W_s で表す．パケットには送信シーケンス番号 $N(S)$ と受信シーケンス番号 $N(R)$ が付与してある．受信側は $N(R)$ により正しく受信された最終パケットのつぎの番号を表示し，送信側は応答パケット受信後，$N(R)$ 以後 W_s 個のパケットを送出することが許される．すなわち，受信側では $N(R)$ から $N(R)+W_s$ までの番号のパケットを受け入れ，それ以外のパケットは廃棄する．伝送途中でパケットの紛失が起こると受信側から正しい応答が返らず，送信側はタイミングなどによりそれを判断して当該パケットを再送する．このように，ウィンドウ制御はパケットの紛失・重複の検出と回復の機能も備えている．

ウインドウ制御の動作を図 4.11 により説明しよう．この例では，$W_s=3$ とし，(mod8) のカウンタを用いる場合を示している．初期段階では $N(R)=0$ であり，送信側はシーケンス番号 0 から 2 までのパケットを送信可となる．いま，$N(S)=0,1$ の 2 個のパケットを送信したところで，受信側から $N(R)=2$ を含む

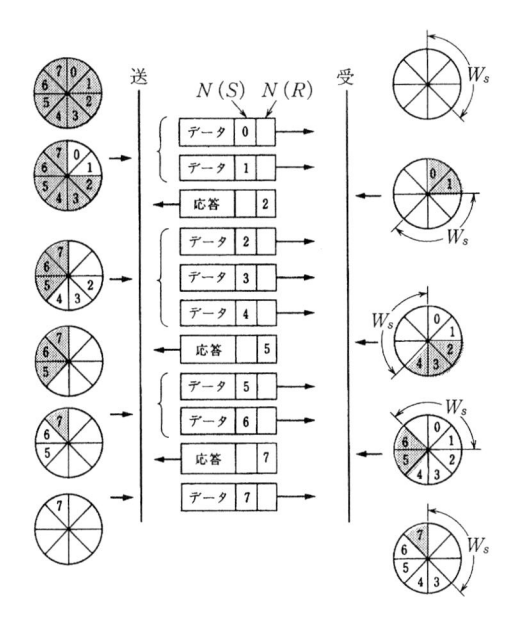

図 4.11 ウィンドウ制御の動作例（$W_s=3$ の例）[1]

応答パケットを受信したとする．この段階で，受信側は $N(S)=1$ までは正常に受信でき，$N(S)=2$ から W_s のサイズのパケットを受信できる用意のできたことを送信側に伝えている．ついで，送信側から $N(S)=2$ から 4 までの三つのパケットが送られ，受信側からそれに対する応答が返されている．これを繰り返してパケットのフロー制御が行われる．この例では，受信側からの応答に専用のパケットを用いているが，X.25 では逆方向の情報転送用パケットに応答確認機能を兼ねさせるダブルナンバリング方式が用いられている．その場合は，一つのパケットに $N(S)$，$N(R)$ の両方が含まれ，伝送効率を向上することができる．

4.2.5 OSI 基本参照モデル
a. プロトコル

初期のコンピュータネットワークでは，コンピュータ，端末などがネットワークを介して通信し，業務処理に関する情報を相互に交換するため，通信手順，コード種別，情報表現形式などを**プロトコル** (protocol) として規定することが必要となった．さらに，ネットワークが多様化，高度化するにともない，端末と

コンピュータとの通信に第3のコンピュータを介して通信したり，異機種のコンピュータ間でデータベース情報を交換したり，文字，図形，画像，音声などを組み合わせた高度なインタフェースでコンピュータネットワークを利用するようになってきたので，より高度なプロトコルを必要とするようになり，しかも国際通信の相互接続を保証することが要求された．そこで，プロトコルの階層化を体系的に検討することが ISO (International Organization for Standardization) で提案され，ITU でも合意されて，**OSI** (open systems interconnection：開放型システム間相互接続) **基本参照モデル**が，ISO では1983年に，CCITT では1984年にそれぞれ標準として制定された．

b. プロトコルの階層化

コンピュータネットワークにおいて，プロトコルの機能は，物理的な回線の制御のように接続媒体の種類に依存する機能から，情報の表現形式の制御のように業務処理の種類に依存する機能まで，多様な機能が含まれる．しかも，これらの機能は，技術の進歩や応用分野の拡大にともなって変化する可能性がある．

このような多様性と可変性に柔軟に対処し，しかも不必要なまでの変更を生じないようにするために通信制御機能を数個の階層に区分し，各階層ごとに独立にプロトコルを設計する手法が一般に採用されるようになった．OSI 基本参照モデルでは，物理的な回線の制御から業務処理に依存する通信制御機能までを図

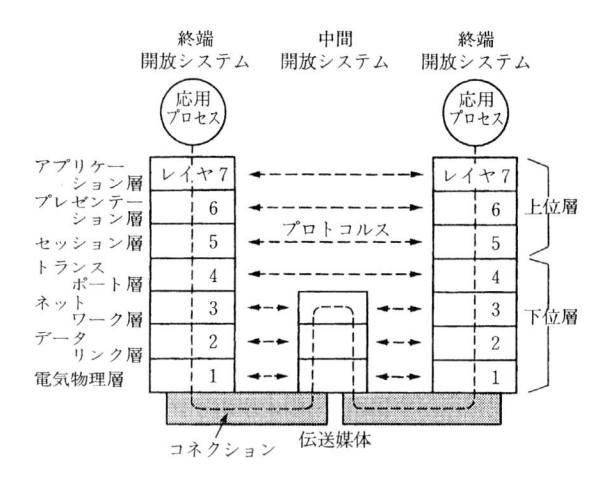

図 4.12 OSI 基本参照モデル[1]

4.12に示すように七つの層に階層化し，それぞれの層が上位層に提供するサービスと各種の機能を標準として定めている．これらのインタフェースを維持するかぎり，技術の進歩や環境の変化に対応して，他のレイヤに影響を与えることなく各レイヤの内部機能やプロトコルを自由に変更することができる．

c. 各レイヤの機能

表4.1に各レイヤの機能を要約する．物理層（レイヤ1）からトランスポート層（レイヤ4）までを**下位レイヤ**，セッション層（レイヤ5）からアプリケーション層（レイヤ7）までを**上位レイヤ**という．開放形システム間のエンド-エンド (end to end) の情報通路が下位レイヤのプロトコルによって確立され，応用プロセス間の処理に関するプロトコルを上位レイヤが提供する．また，別の観点からの分類では，レイヤ1〜3は相手宅内設備に着信するまでの機能であり，**伝達機能** (bearer capability) とよばれ，レイヤ4〜7はパス設定後宅内設備相互などで通信を行うための機能であり，**通信機能** (communication capability) とよばれる．

各レイヤにおける機能の主体をエンティティといい，第Nレイヤのエンティティがほかの開放型システムの対応するレイヤのエンティティと通信するための取決めをNプロトコルという．前述したように，各レイヤは上下隣接レイヤの

表4.1 OSIレイヤの機能[1]

		レイヤ（層）	機能		内容例
上位レイヤ	7	アプリケーション	データ意味内容の制御	通信機能	システム管理，ファイル転送，ジョブ転送
	6	プレゼンテーション	データ表現形式の制御		仮想端末，コード変換，文字コード
	5	セッション	会話データ単位の制御		送信権制御，コネクション設定，コネクション解放
下位レイヤ	4	トランスポート	エンド-エンド間情報転送	伝達機能	エンド-エンド送達確認，フロー制御，順序制御
	3	ネットワーク	中継ノード経由の制御		論理パス設定，誤り・順序制御，フロー制御
	2	データリンク	隣接ノード間の制御		データリンク設定，誤り・順序制御，フロー制御
	1	電気物理	電気的・構造的条件		コネクタ形状，電圧・電流値，インピーダンス

みにインタフェースを有するから，N+1 レイヤのエンティティは N レイヤの機能を用いて通信を行う．この場合，N レイヤが提供する機能を N サービスとよび，このようなレイヤ間の連係を N コネクションという．

ここで，ネットワーク層の機能について述べると，送信側と受信側の両開放型システム間にコネクションを確立し，これを維持および開放するための手段を提供し，トランスポート層が経路選択と中継を意識しないですむようにする機能を果たしている．これに対して，データリンク層は隣接するノード間で，データリンクを設定し，データを誤りなく伝達できるように誤り制御やフロー制御を行い，正確なデータをネットワーク層に引き渡す機能を果たしている．

このようにして，一方の応用プロセスから順次各レイヤを経由し，伝送媒体を通して他方の応用プロセスまでのコネクションが確立する．

4.3 共通線信号プロトコル

4.3.1 共通線信号方式

共通線信号方式（CS：common channel signaling system）は，図 4.13 のように，通話回線と分離した専用のデータ回線を通して信号の送受を行うもので，電子交換用の新しい信号方式として実用化された．

ITU-T により，国際通話の接続時間短縮のため No.6 方式が 1972 年に標準化され，さらにディジタル化やサービス総合化に対処するために No.7 方式が 1980 年に標準化された．検討当初は，電話サービスへの適用を考慮し，既存の個別線信号方式と経済性を競う形で導入が議論されたが，電話サービスの機能高度化，移動体通信の発展，ISDN の導入など，呼処理に関係のない情報を扱う

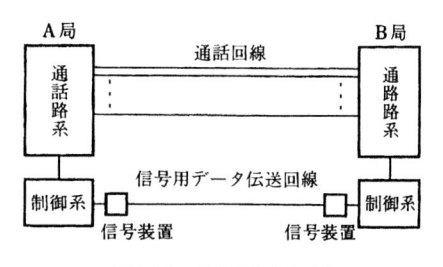

図 4.13 共通線信号方式[1]

4.3 共通線信号プロトコル　79

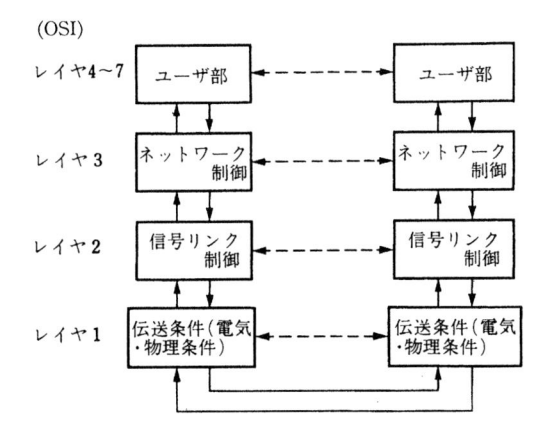

```
              (OSI)
  レイヤ4〜7    ユーザ部  ←---→  ユーザ部
  レイヤ3      ネットワーク ←---→ ネットワーク
              制御                制御
  レイヤ2      信号リンク ←---→   信号リンク
              制御                制御
  レイヤ1      伝送条件（電気 ←---→ 伝送条件（電気
              ・物理条件）         ・物理条件）
```

図 4.14　No. 7 信号方式のプロトコル階層[1]

サービスが増え，信号転送速度の高速化や通話中にも信号転送が可能なことが要求されるようになり，共通線信号方式は近代的ネットワークにおいては必須の信号方式となった．

日本においては，No. 7 信号方式のもつ高速・多種信号機能転送の長所および蓄積プログラム制御型交換機との親和性に着目して，電話網での基本呼制御のために 1982 年から NTT の中継系の D10 形電子交換機に導入された．その後，1988 年の ISDN のサービス開始にともない，ISDN に適するバージョンに高度化され，現在ではすべてこのタイプが使用されている．

本節では，現在標準として使用されている No. 7 信号方式について説明する．

4.3.2　信号フォーマット

No. 7 信号方式のプロトコルでは，図 4.14 のように 4 段階に分けて整理している．図には OSI の七つの階層との対応もあわせて示す．

　　レイヤ 1：信号の転送媒体の電気・物理条件（通信速度・伝送符号形式・伝送方式など）を規定する階層である．信号の伝送路としては，現在ではすべてディジタル回線が使用され，64 kb/s の速度で伝送される．

　　レイヤ 2：信号回線を通して隣接する交換局に信号ユニットを誤りなく転送するためのチェックや再送の働きをする階層である．

　　レイヤ 3：信号回線を組み合わせ，目的とする交換局まで信号メッセージを送

り届ける働きをする階層で、信号回線の迂回を行う網機能やレイヤ4〜7への信号の分配機能をもつ。

レイヤ4〜7：信号の送信、受信のための階層で、電話交換、データ交換、ISDNなどのサービスに応じて別々に機能が定義されている。たとえば電話の場合には、着信先電話番号、応答信号、切断信号の編集、送信、受信を行う。

信号回線上で伝送される情報の単位を信号ユニットとよぶ。信号ユニットのフォーマット構成を図4.15に示す。

信号ユニットは、信号の転送機能を規定する**メッセージ転送部**（MTP：message transfer part）とサービス制御機能を規定する**ユーザ部**（UP：user part）からなっている。ユーザ部は通信サービス対応に用意され、おのおののフォーマットが規定されている。たとえば、それぞれの用途に応じて電話ユーザ部（TUP：telephone user part）、データユーザ部（DUP：data user part）、ISDNユーザ部（ISUP：ISDN user part）、データベースアクセスなどの通信パスの制御と直接関係しない制御情報転送用としてトランザクション機能（TC：transaction capabilities）がある。現在NTTのネットワークでは、電話サービスにもISUPが使用されている。

ここではISUPをユーザ部にもつ信号のフォーマットを説明する。

信号ユニットはHDLCのフレーム構成に準拠して、開始と終了は8ビットのフラグ（01111110）で識別する。MTPはレイヤ2、3に対応し、共通線信号網内においてUPを後位の交換局に届けるための共通部であり、信号のシーケンス番号と状態表示、ならびに誤り検査符号を用いて誤りのチェックや再送を行い、

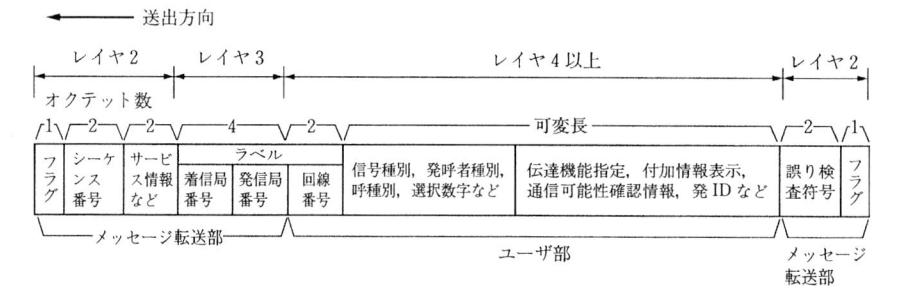

図4.15 No.7信号方式の信号フォーマット

ラベルを用いて信号網のルーチングを行う.また,サービス情報などで信号長,優先順位,ユーザ部の種別を識別する.一方,UPはレイヤ4以上に対応し,ラベル部で発信局番号,着信局番号,使用する回線番号を識別し,その回線に対応する信号種別,発呼者種別,選択数字(着信加入者の番号)などを転送する.UPの後半の部分は,ISDNの際のディジタル向きの信号手順やプロトコル種別などの情報が送られる.

4.3.3 誤り制御方式

　MTPで行われるNo.7信号方式の誤り制御について少し詳しく説明しよう.誤りの検出は誤り検査符号によって行われ,例題4.2に述べた16ビットの巡回符号が使われる.この方法によると,16ビット以下のバースト誤りはすべて検出可能である(4.2.2項[定理4.4]参照).

　誤りが検出された場合には,受信側でその信号を廃棄し,送信側からその信号以降のすべての信号が再送されてくるまで待機し,再送信号受信後訂正を行う.誤り訂正には2オクテットのシーケンス番号の欄に記述されている順方向シーケンス番号(FSN: forward sequence number; 7ビット),逆方向シーケンス番号(BSN: backward sequence number; 7ビット),順方向状態表示ビット(FIB: forward indication bit; 1ビット),逆方向状態表示ビット(BIB: backward indication bit; 1ビット)が用いられる.

　FSN, BSN, FIB, BIBを用いる方式の特徴は,go-back-N型同時監視方式を採用し,送信側が一つ一つの信号に対する受信側からの確認応答を待たずに一定数連続的に送出できることにある.具体的な誤り信号の再送手順例を図4.16に示す.

(1) 送信側は信号ユニット単位にFSNに連続番号を付与して送る.さらに,この信号は確認応答待ちのバッファに入れられる.

(2) 受信側では,誤り検査符号により正常に受信できたことが確認された場合には,受信したFSNと同じ値をBSNに設定した確認応答信号を送信する.

(3) 送信側では確認応答信号を受けると,このBSNに等しいFSNをもつ信号を確認応答待ちのバッファから消去する.

(4) あるFSN(この値をkとする)をもつ信号ユニットが伝送路の異常など

(初期値) FIB＝BIB＝FSN＝BSN＝0

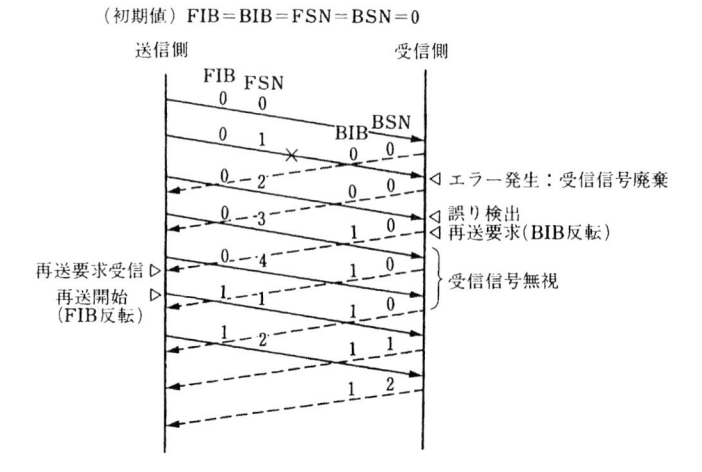

図 4.16 誤り制御手順の例[1]

により誤り検査符号のチェックでエラーとなり受信側で廃棄され，つぎの信号ユニットがチェックOKで受信された場合を考える (図では $k=1$ か誤った場合を示している)．このとき受信したFSNは一つ飛ぶのでFSNチェックエラーとなり，$FSN=k$ 以降の信号ユニットの再送を要求する．再送要求はBIBを反転させBSNをエラー直前の値 $(k-1)$ として送信側に送る．

(5) 受信側では再送要求後送信側で再送処理を行わないかぎり，受信側で設定しているBIBが送信側からの信号ユニットのFIBと等しくないため，送信側から順次送られてくる $FSN=k+2, k+3, \cdots$ の信号ユニットを無視する．

(6) 送信側でBIBを反転した再送要求 (BIB＝1) を受信すると，通常の送信処理を中断し，FIBを反転させ，FSNが $BSN+1$ である信号ユニットより確認応答待ちバッファから取り出し順次再送する．

(7) 受信側ではFIBの反転を確認するとBIB＝FIB＝1となるので再送が行われたとみなし，信号ユニットを受け入れる．

4.3.4 呼接続シーケンス

共通線信号を用いた呼接続のシーケンスを説明し，その動作を理解しよう．呼

処理はレイヤ4以上で行われる制御である．図4.17に呼接続の基本シーケンス例を示す．この例では中継局を2局経由した接続で，発信・着信端末ともアナログ電話機で，通話回線はすべてディジタル回線の場合を示す．この図に従って接続過程を説明する．

(1) 発信交換機が発信加入者からの着信側電話番号（ダイヤル情報）を受信すると，この情報から出方路を決定し，適切なルートの空き回線を選択する．ついで，発信交換機は発電話機と中継側の通話回線を接続するとともに，**アドレス信号**（IAM：initial address message）を対向局へ送出する．アドレス信号は呼接続時に最初に送出される信号で，図4.18に示すように，サービスの内容や次位局での経路選択などに必要なすべての情報を含んでいる．

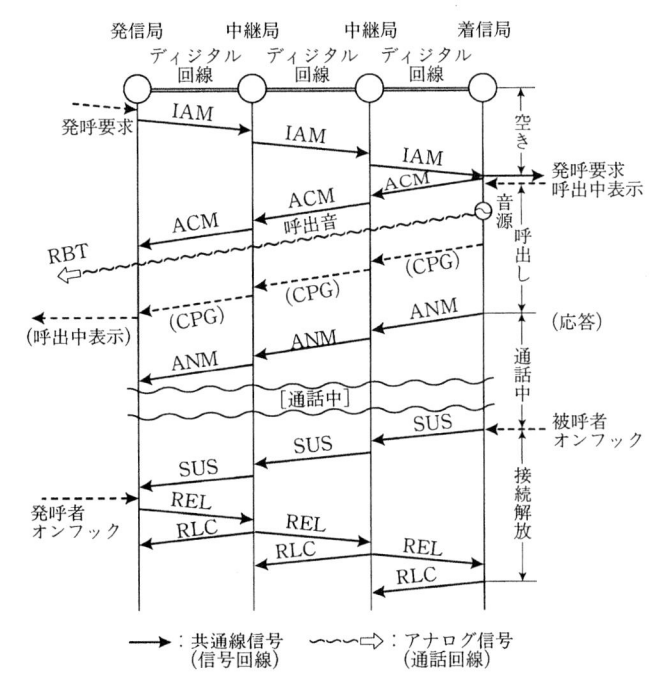

図4.17 呼接続シーケンスの例

IAM：アドレス信号，ACM：アドレス完了，RBT：呼出音，
CPG：呼出中表示，ANM：応答信号，SUS：中断信号，
REL：切断信号，RLC：復旧完了信号．

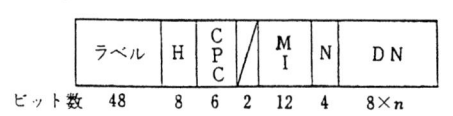

```
送出方向
 ←
┌─────┬───┬───┬───┬────┬───┬─────┐
│ラベル│ H │CPC│MI │    │ N │ DN  │
└─────┴───┴───┴───┴────┴───┴─────┘
ビット数  48   8   6   2   12   4   8×n
```

図 4.18 アドレス信号のフォーマット

CPC：発呼者種別（一般加入者，優先加入者など発呼者の種別を表す），MI：呼種別表示（国内，国際など選択信号の種別，衛星回線経由など回線の種別，導通試験の要否などを表示），N：選択数字数（DN 内の数字数を表す），DN：選択数字（1 数字 4 ビットで電話番号などを表す）．

(2) アドレス信号が中継局で順次中継されて着信交換機まで到達すると，発・着交換機の間には通話路が確保されることになる．着信交換機は着信電話機が「空き」であると判定すると，発信交換機に向けて確認信号（ACM：address complete message）を送出するとともに，着信電話機に呼出し信号を送出し，通話回線を介して発信電話機に呼出音（RBT：ring back tone）を送出する．

(3) 着信交換機は被呼加入者が応答すると発信局へ応答信号（ANM：answer message）を送出する．

(4) 通話中に被呼者が受話器を下ろすと着信局は発信局へ中断信号（SUS：suspend message）を送出する．発信局はこれを受信すると，被呼者が終話，再応答を繰り返す場合があるので通話路は切断せず発呼者からの切断を待ってタイミングをとり，タイムオーバになったときは通話路を切断する．

(5) 発呼者が受話器を下ろすと，発信局は通話路を切断し着信局へ切断信号（REL：release message）を送出する．

(6) 着信局は切断信号を受信すると発信局へ復旧完了信号（RLC：release complete message）を送出する．発信局は，これを受信すると通話回線を開放する．

4.3.5 共通線信号網

共通線信号方式は信号回線と通話回線が独立しているため，通話回線と信号回線との対応関係に着目すると図 4.19 のように，対応網構成と非対応網構成が考

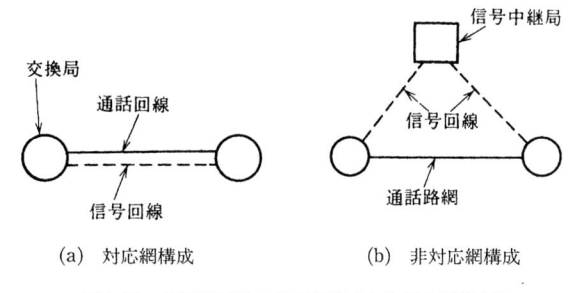

図 4.19 共通線信号の対応網構成と非対応網構成[1]

えられる．64 kb/s で情報を転送できる共通線信号回線一対では，電話回線を約1万回線制御する信号を扱うことができる．このため，小束な通話回線のルートでは信号トラヒックを集中化できる非対応網構成が有利であり，大束な通話回線のルートでは信号中継局を介さない対応網構成が有利である．ちなみに，D70形加入者線交換機では，すべての局間信号を一対の共通線信号回線で処理することができる．

また，データベースアクセスなど通話回線に直接対応しない種類の信号（回線非対応信号）の転送には，**非対応網構成**が信号の経由リンクが少なくてすむことから適している．非対応網構成には固定ルーチングを行う準対応網構成と可変ルーチングを行う完全非対応網構成がある．現在使用されている共通線信号網は，信号メッセージの到着順序の保証が容易な準対応網構成になっている．信号網は信号端局 (SEP : signal end point)，信号中継局 (STP : signal transfer point)，信号リンクから構成されている．SEP は信号の発生・受信点で，交換機などで構成される．STP は信号中継機能を有する信号局であり，信号リンクは信号局間を結ぶ回線である．

信号網構成は信号回線や STP の故障や災害にそなえて冗長構成をとっている．SEP から二つの STP への経路をもつ二重帰属の構成とし，一方の STP が故障しても，ほかの STP ですべての信号を処理できるようになっている．また，STP 相互間は必ず複数ルートをもつようになっている．二重帰属の実現法としては，制御が単純な 2 面構成があり，その例を図 4.20 に示す．STP 網を A 面，B 面の 2 面に分け，両面を同じ網構成としており，各 SEP は両面に属し，両面間にはさらにクロスしたリンクをもつ網構成である．A 面に入った呼の信

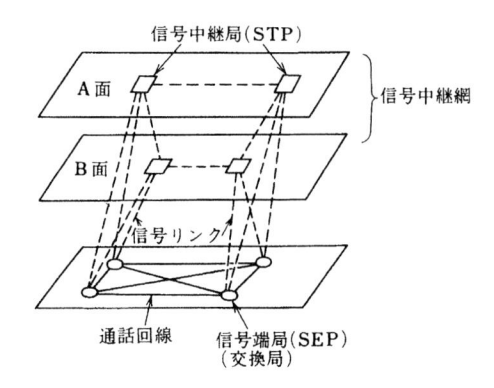

図 4.20 共通線信号網の構成[1]

号はA面内をルーチングし，相手に送り届ける．ただし，A面内のリンクもしくはSTPの故障でルートがとれないときは，面間リンクを経由してB面のルートへ切り換える．

また，各面のSTP間の網構成は1階位もしくは2階位構成がとられている．1階位の場合は各STP間が，また2階位の場合は上位STP間がそれぞれメッシュ状の回線構成をとり，中継するSTPの数を減らして信号転送遅延を抑えるようにしている．信号転送時のルートの制御手順は，4.3.2項で示したレイヤ3で行われる．

4.4 データ交換プロトコル

データ通信のための交換方式としては，2.4節に述べた2種類の交換方式，回線交換方式とパケット交換方式がそれぞれサービスに供されている．本節では，公衆網としてのデータ交換プロトコルについて述べる．

4.4.1 回線交換プロトコル
a. 信号方式

電話交換の場合は，本質的には人間を相手にした信号方式であるので，可聴音を多用している．これに対してデータ交換の場合には，基本的にはコンピュータをはじめキーボードプリンタ，ファクシミリ，ディスプレイなどの入出力機器を

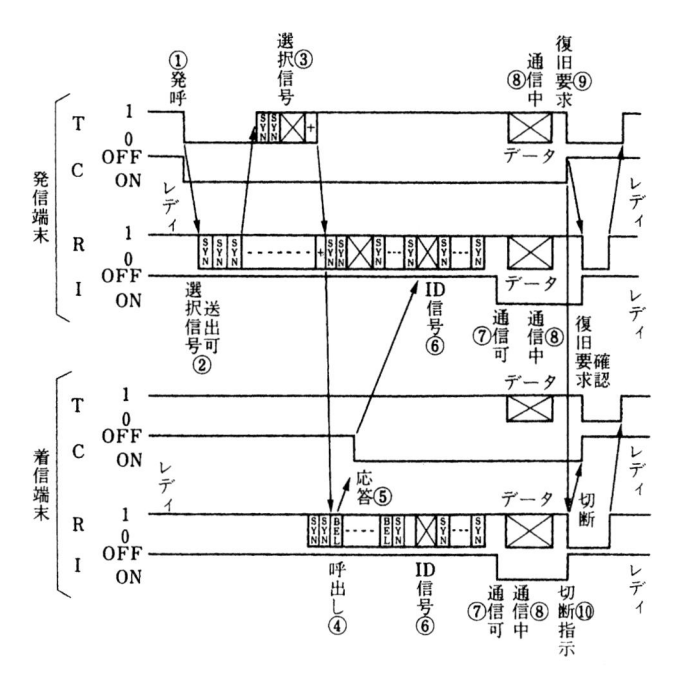

図 4.21 同期端末と網との間の信号シーケンス (X.21)[1)]
C：制御回路 (DTE → DSU)　SYN：文字同期とり符号 "00010110"
I：表示回路 (DTE ← DSU)

相手としているため，符号を基本とする信号方式が必要である．

データ通信用回線交換の場合のデータ端末 (DTE：data terminal equipment)，回線終端装置 (DSU：digital service unit) 間のインタフェース条件は，ITU-T によって **X.20** (調歩端末用)，**X.21** (同期端末用) として勧告されている．図4.21に同期端末用の加入者線信号方式を示すように，これらの勧告によって発呼から終話までに DTE-DSU 間の各インタフェース線 (T, C, R, I) 上で送受される信号シーケンスが詳細に規定されている．

b. ディジタルデータの伝送技術

データ情報を伝送するにあたり，アナログネットワークの場合にはモデム (MODEM：modulator-demodulator) を使用して所要の伝送帯域内におさめていたが，ディジタルデータ網においては，中継線では PCM 電話チャネル (64 kb/s) を基本とし，これと整数比を有する 3.2, 6.4, 12.8, 64 kb/s のベアラレート

（速度）が用いられ，64 kb/s チャネルに多重化されて伝送され，加入者線では4線式のディジタル伝送技術を使用しベアラレートの速度で伝送される．表4.2にITU-Tで勧告されている端末種別と**ベアラレート**の関係を示す．

同期端末では網から供給されるクロックに同期して動作する．このため，同期端末からの信号は回線終端装置（DSU）においてベアラレートで単点サンプリング（伝送路上の1ビットでデータ1ビットを送ること）され，エンベロープ形式で加入者線に伝送される．エンベロープ形式とは，図4.22のようにデータ6ビットを単位としてその前後にFビット（同期用）とSビット（信号用）を付加するものである．Fビットは0,1のパターンを交互に繰り返し，これを検出してエンベロープ同期をとりSビットの位置を識別する．したがって，データの伝送速度は加入者線上での搬送速度（ベアラレート）の6/8となる．

一方，非同期端末では端末の動作は網のクロックとは必ずしも同期しないので，ベアラレートと同期したパルスで多点サンプリングし，データの波形をひずみなく伝送できるようにしている．波形のひずみにより端末が誤動作しない範囲

表4.2 端末種別とベアラレート[1]

端末速度	同期モード	サンプリング速度 [kb/s]	サンプリング数	搬送速度 [kb/s]（ベアラレート）	加入者線上の信号形式
50 b/s	調歩	2.4	48	3.2	
200 b/s	調歩	2.4	12	3.2	
300 b/s	調歩	2.4	8	3.2	
1 200 b/s	調歩	9.6	8	12.8	エンベロープ (6+2)
2 400 b/s	同期	2.4	1	3.2	
4.8 kb/s	同期	4.8	1	6.4	
9.6 kb/s	同期	9.6	1	12.8	
48 kb/s	同期	48	1	64	

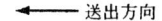

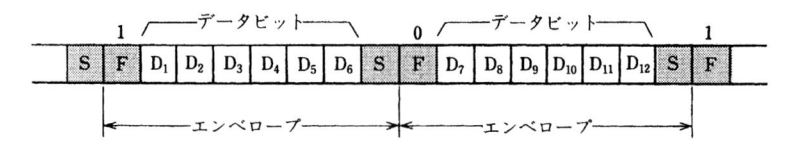

図4.22 エンベロープ形式[1]

におさめるため，ベアラレートを端末速度の数倍～10数倍としている．

4.4.2 パケット交換プロトコル

　パケット交換網では，回線交換とは異なり，端末からの情報を網でいったん蓄積し誤り検出，訂正などを行うため，単なる信号方式ではなく，網，端末ともに相手の動作までを考慮した通信制御が必要であり，プロトコルの規定が必要となる．パケット網に収容されるパケット端末（PT：packet mode terminal）と一般端末（NPT：non-packet mode terminal）のそれぞれに対してインタフェースがITU-Tにおいて標準化されている．

a. パケット端末インタフェース（X.25）

　PT-パケット交換網間のプロトコルは，ITU-T勧告 **X.25** により規定されており，以下のように階層化されている．

(1) 電気物理層（レイヤ1）：　電気物理層は，コネクタの形状，電圧，タイミングなどを規定し，回線交換の同期端末インタフェース（X.21）を適用している．

(2) データリンク層（レイヤ2）：　データリンクプロトコルは，HDLCの平衡形クラスのサブセットである **LAPB手順** (link access procedure for balanced mode) を採用している．パケット形式は，図4.23に示すように，フレームレベル（レイヤ2）とパケットレベル（レイヤ3）に階層化されている．

　　フレームレベルはフラグシーケンス（F：01111110），アドレスフィー

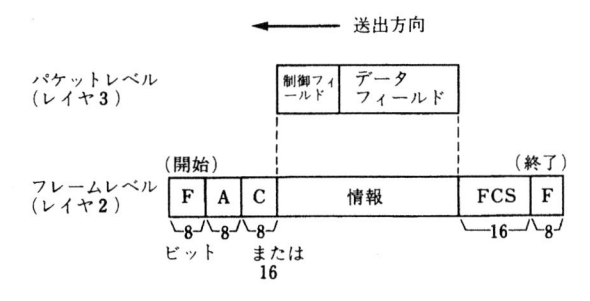

図 4.23 パケットの形成[1]
F：フラグシーケンス "01111110"，A：アドレス部，
C：制御部，FCS：フレームチェックシーケンス．

ルド (A),制御フィールド (C) およびフレームチェックシーケンス (FCS) からなり,フラグシーケンス (F) によるフラグ同期,フレーム誤り,データ喪失検出および回復などの制御が行われる.アドレスフィールドは,パケットが伝送される隣接局のアドレスを表す.制御フィールドは,データ誤りを検出したときの再送指示や,受信バッファ満杯時の送出停止指示などを表すためのフィールドである.フレームチェックシーケンスは誤り検出用のCRC符号 (4.2.1項c.参照) である.

フレームレベルは,隣接局 (パケット交換機あるいはパケット端末) 間の制御レベルであり,パケットの制御フィールドもデータとみなして送受信制御を行うレベルである.パケットレベルは,制御フィールドとデータフィールドからなる.制御フィールドはパケットレベルヘッダともよばれ,相手端末アドレスやパケットシーケンス番号などからなる.

(3) ネットワーク層 (レイヤ3): ネットワーク層のプロトコルは,HDLC の情報フィールドの内容,すなわちパケット交換制御の大半を規定するパケットレイヤの通信規約を定めており,パケット交換網-端末間のデータリンク上でのパケット多重通信を可能にしている.X.25プロトコルは,バーチャルコール方式のパケット交換網を対象にしており,呼設定・解放用のパケットにより論理パスを設定し,その論理パスに沿ってデータ転送用のパケットによりデータパケットを転送する.図4.24は,レイヤ3における論理パスの設定・開放の手順を示す.

発呼要求パケット (CR: call request) には,発端末アドレス (SA:

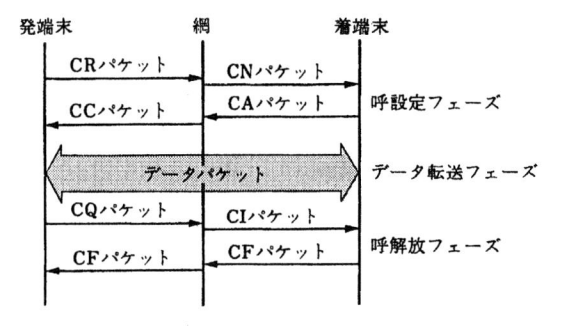

図 4.24 論理パスの設定・開放の手順[1]

source address),着端末アドレス(DA：destination address)および設定すべき論理チャネル番号が含まれている.網がCRパケットを受信すると,着端末アドレスで指定された端末に,網が設定したい論理チャネル番号をもつ着呼パケット(CN：call connection)を送る.着端末は同じ論理チャネル番号をもつ着呼受付パケット(CA：call accept)を返送する.網は発端末に接続完了パケット(CC：call connected)を返送する.この一連のシーケンスによって論理パスが設定される.設定された論理パスに沿って転送されるデータパケットには,図4.25に示すように,ユーザデータのほか,論理チャネル番号,送信シーケンス番号および受信シーケンス番号が含まれる.論理チャネル番号は,端末が同時に複数の論理パスを設定できるように,どの論理パスで転送するデータかを識別するために使用される.

　パケットの長さは,平均的に使用される通信情報の長さ,許容伝達遅延時間,交換機に必要な蓄積メモリ容量,パケット制御に必要な交換処理量などを総合して決定される.交換処理量はパケット数に比例するので,パケット長は長いほど処理量は少なくてすむ.しかし,パケット長が長すぎると,所要のメモリ容量が大きくなるだけでなく,パケットを形成するに必要なパケット形成遅延時間が長くなり,待合せ遅延時間の変動も大きくなる.したがって,パケット長には最適点があり,初期の公衆パケット交換網では256バイト(2048ビット)のパケットサイズが使用されたが,パケットサービスの発展にともない長電文の効率的な

	8 7 6 5	4 3 2 1 〔ビット〕
1	ゼネラルフォーマット識別子	論理チャネルグループ番号
2	論理チャネル番号	
3	送信シーケンス番号$P(S)$	0
4	受信シーケンス番号$P(R)$	M
5 ⋮ 260	ユーザデータ	

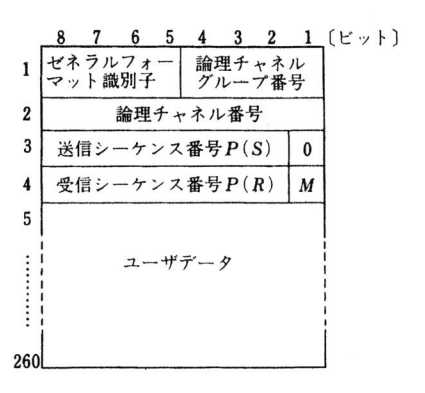

図4.25　データパケットの構成[1]

転送を狙って 4096 バイトまでのロングパケットも提供されるようになっている．

b. 一般端末インタフェース

調歩端末などの NPT をパケット交換網に収容するために，PAD (packet assembly and disassembly) 機能により端末からの情報をパケットに組み立てたり，逆に変換したりするために，X.3, X.28, X.29 によりプロトコルが規定されている．なお，PAD とパケット交換網との間のインタフェース (X.29) は，X.25 のバーチャルコール方式を基本としている．

4.4.3 インターネットプロトコル (TCP/IP)
a. プロトコルの階層

インターネットで用いられるプロトコルは **TCP/IP** プロトコルファミリであり，1983 年に米国国防省の研究開発機関である DARPA によって体系化されたものである．このプロトコルは，図 4.26 に示すように，大きく分けて四つの階層から構成されているが，OSI の標準化に先駆けること 10 年であったので，OSI の階層とは合っていない．とはいっても，階層化の考え方や，対応する階層の機能は類似している．以下，各層について説明する．

i. ネットワーク層 この層は，OSI プロトコルの物理層，データリンク層およびネットワーク層の一部に対応している．この層は，通信ネットワークあるいは LAN (local access network) などを通して IP データグラム（後述）を伝送するための制御ならびにインタフェースを提供する．このため，ネットワークの形態に対応して，HDLC フレームや LAN フレームなどのデータユニットに

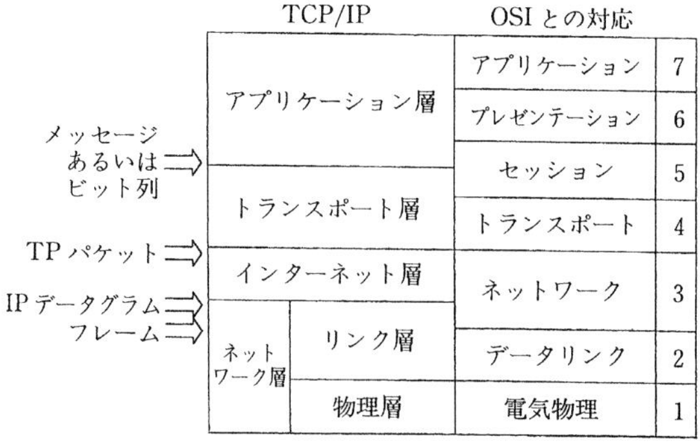

	TCP/IP		OSIとの対応	
メッセージあるいはビット列 ⇒	アプリケーション層		アプリケーション	7
			プレゼンテーション	6
	トランスポート層		セッション	5
			トランスポート	4
TP パケット ⇒	インターネット層		ネットワーク	3
IP データグラム フレーム ⇒	ネットワーク層	リンク層	データリンク	2
		物理層	電気物理	1

図 4.26　TCP/IP プロトコルファミリ

カプセル化を行う．とくに，LAN などの場合には単なるデバイスドライバや LAN インタフェースとなるが，パケット公衆網の場合には X.25 などの国際標準に準拠した通信機器に相当する．

ii. インターネット層 この階層で用いられるプロトコルをインターネットプロトコル (IP: internet protocol) とよぶ．IP は，シンプルで，コネクションレス形で，ベストエフォート形のデータグラムプロトコルである．IP は，自分が利用する下位階層に対するフロー制御，信頼性，エラー回復メカニズムを，いっさいもっていない．IP は，信頼性に関連するデータ配信の仕事を，すべて上位階層に任せている．

IP 層は，上位のトランスポート層から，送信要求として送るべき TP パケットと相手コンピュータ（ホスト）の識別子である IP アドレスを受け取り，パケットカプセル化により **IP データグラム** (IP datagram; IP パケットともよばれる) を構成し，下位のネットワーク層に送出する．IP 層において，個々のネットワークサービスをインターネットデータグラムサービスに統一化することにより，インターネット環境で途中のネットワークの差異を吸収して発信ホストから着信ホストまでの透過な道をつくる．また，インターネット層は，下位層より送られてきた IP データグラムに対して，その有効性のチェックやヘッダ処理を行い，経路制御アルゴリズムによりそれを内部処理するか，さらに別のホストに転送するかを決定する．IP データグラムのヘッダは図 4.27 のような構成となっている．

図中の項目のうち，いくつかについて説明しよう．

(1) version (4 ビット)： IP プロトコルのバージョンを表す．現在使用され

```
ビット
   0       4       8              16                      31  オクテット
1 | version | IHL |  type of service  |      total length       | 4
2 |        identification             | flags |  fragment offset | 8
3 |    time to live   |    protocol   |       header checksum    | 12
4 |                     source address                           | 16
5 |                   destination address                        | 20
6 |                    options                   |   padding     | 24
```

図 4.27 IP データグラムのヘッダフォーマット

ているIPは，バージョン4であり，IPv4とよばれている．次世代のIPとしてIPv6が検討されている．

(2) IHL (internet header length：4ビット)： IPデータグラムヘッダの長さを，32ビットを1単位として示す．

(3) total length (16ビット)： データグラムのサイズ (ヘッダ部＋データ部) を1オクテットを単位として表す．最小576オクテット，最大65535オクテット．

(4) header checksum (16ビット)： IPデータグラムの転送は，コネクションレス形で行われ，メッセージ転送に関して信頼性はあまり保証されていないが，送信側からのメッセージを複数の網の相互接続された環境のもとで目的ホストにとにかく届けるための機能を果たす．このため，IPではヘッダだけの誤りチェックしか行っていない．ゲートウェイでの処理を簡単化するためにこの誤りチェックにチェックサムを使っている．header checksumは，ヘッダを16ビットワードの並びとみなし，それぞれの和を1の補数法で計算し，その結果の1の補数をチェックサムとしている．

(5) source address (32ビット)： 送信側インターネットアドレス．

(6) destination address (32ビット)： 受信側インターネットアドレス．

iii. トランスポート層　トランスポート層は，アプリケーションプログラム間 (エンド-エンド) に通信を提供するもので，IP層を使って，コネクション形とコネクションレス形の2種類のサービスを提供する．**コネクション形**のプロトコルを，**TCP** (transmission control protocol) といい，信頼性のあるデータ転送モードをサポートする．一方，**コネクションレス形**のプロトコルは，**UDP** (user datagram protocol) といい，エラー回復処理などは行わない，データの信頼性は保証しないモードである．

TCPは，アプリケーション層からの指示により，着信側のアプリケーション層との間にコネクションを設定する．その後，アプリケーション層からのデータを区切り，それに制御情報が入ったTCPヘッダを付加して，セグメントとよばれる伝送単位ごとにパッケージ化して，着信側ホスト上のTCPモジュールに送るようにIPモジュールに要請する．

TCPは，通信における信頼性を保証するために，セグメントの損傷 (データ

誤り），消失，重複，到着セグメントの順番のずれなどを検出できる機能を有している．この機能を実現するために，セグメントの順序番号，誤り検出符号(checksum)，受信側の確認応答（ACK），タイマーによる再送を行っている．また，送受信間で歩調を合わせて受信バッファオーバフローなどが起こらないようにフローコントロールとしてウィンドウコントロールを用いている．

これに対して，アプリケーションによっては，セグメントに分割することなく一つのセグメントの送信だけで通信が終わってしまうようなものもある．たとえば，通信相手のインターネットアドレスをネームサーバに問い合わせるような場合には，通信メッセージの長さは1セグメント以内でおさまってしまう程度の長さである．このような通信では，TCPのようにコネクションをいちいち確立してから通信を行うのでは効率が悪くなるので，これらの手順を省略した簡易型のプロトコルとしてUDPが用意されている．UDPでは，信頼性を保証するような制御はいっさい行わないので，セグメントの消失，重複，順序の狂いなどが起こるが，これらの正常化や誤り制御はユーザプロセスの責任において行われる．

iv. アプリケーション層 ユーザがインターネットを用いて通信する際に最初に起動をかけるプログラムである．この階層の処理を行うプログラムが，ユーザから要求された通信形態に応じて，トランスポート層の所定のプロトコルモジュールに対してデータの転送，受信を依頼する．この層でよく使用されるプロトコルは以下のようなものである．また，TCP/IPのプロトコル群の階層を図4.28に示す．

(1) TELNET (telecommunication network protocol)： ユーザの位置するホストコンピュータと遠隔地にあるコンピュータとの間にTCPコネクションを設定するプロトコルである．これにより，ユーザは他のホスト

レイヤ	サブプロトコル(サービス)							
応用層	SMTP	FTP	TELNET	DNS	TFTP	ICMP		
トランスポート層	TCP			UDP				
インターネット層	IP							
ネットワーク層	PPP (ダイヤルアップ)	イーサネット (CSMA/CD) LAN	FDDI (トークンリング) LAN	Arpanet	X.25 パケット交換網	ATM	その他	

図4.28 TCP/IPのプロトコル群

コンピュータにリモートログインし，会話形のアクセスを行うことができる．

(2) FTP (file transfer protocol)： ホストコンピュータ間で大量のデータからなるファイルを効率よく転送するプロトコルであり，TCP 上で動作する．FTP により遠隔のホストコンピュータにログインし，ファイルの階層であるディレクトリを参照したり，コピーすることができる．FTP は制御のためのコネクションを TELNET で設定している．このため図 4.28 では FTP の TELNET に一部依存している関係を示している．

(3) SMTP (simple mail transfer protocol)： コンピュータ間でメッセージの転送を行うためのプロトコルであり，電子メールや電子黒板 (BBS: bulletin board system) のプロトコルとして用いられ，TCP 上で動作する．

(4) DNS (domain name service)： IP アドレスを日常使われる**ドメイン名** (domain name) とよぶ英字記号のアドレスを IP データグラムのルーチングに使用される 2 進 IP アドレスに変換するサービスを行う．

(5) TFTP (trivial FTP)： FTP の簡易バージョンで，小さなファイルを転送するときなどに威力を発揮する．大容量のハードディスクをもたないワークステーションでは，自分のディスクがないため最初にコンピュータを立ち上げるためのプログラムをまずサーバーマシンからダウンロードしてこなければならない．このために TFTP が用いられている．TFTP は UDP を用いており，通信の信頼性を保証するためにタイムアウトと ACK を用いている．

b. インターネットのアドレス体系

図 4.27 に示したように，インターネットのホストコンピュータには 32 ビットのバイナリデータによるアドレスが付与されている．このアドレスは，電話番号が世界中にある電話機をまちがいなく指定できるように，複数のネットワークを介して接続されているコンピュータを一意に識別できるように，世界的なレベルで決められている．アドレス割当ては，世界唯一の **NIC** (Network Information Center) とよぶ機関と，国別の NIC がネットワークアドレスについて担当している．

DOD の仕様では，ゲートウェイでルーチングが効率的に行えるように，各

ローカル網を識別するネットワーク番号とホストを識別するホスト番号の階層構成で定義するように決めている．さらに，網間接続環境と各ローカル網の構成に応じてアドレス体系を選べるように五つのクラス (A〜E) に分けている．このうち，クラスDとEは実験用で一般には使用できないので，クラスA，B，Cのアドレスフォーマットを図4.29に示す．

それぞれのクラスはアドレスの上位ビットで分類できるようになっている．クラスAはローカル網の数は少ない ($2^7=128$ 以下) がローカル網につながるホストが多い ($2^{16}=65536$ 以上) 場合，クラスCはローカル網につながるホストは少ないがローカル網の数が多い場合，クラスBはその中間の形態の場合に用いられる．

インターネットアドレスはデータグラムに付加されるときには，32ビットの形態で表されるが，ドキュメントやアプリケーションプログラム内では四つのフィールドをもつ10進数の組合せで表現されることが多い．たとえば，10000101　00000001　10010000　01000101 は，133.1.144.69 となる．

このような数字の羅列で表現された IP アドレスを日常業務のなかで使うのは不便なことから，電子メールの場合には ikeda@comm.eng.osaka-u.ac.jp というアドレスを，ホームページの場合には，http://www.comm.eng.osaka-u.ac.jp というアドレスを使用している．そして，@より前の部分をユーザIDとよび，後ろの部分をドメイン名とよぶ．さらに，これらを扱うコンピュータとしては tom.comm.eng.osaka-u.ac.jp というような名前 (FQDN：fully qualified domain name とよばれている) がつけられている．この場合に，osaka-u.ac.jp が133.1.の上位16ビットに対応するネットワークアドレスに相当し，クラスB

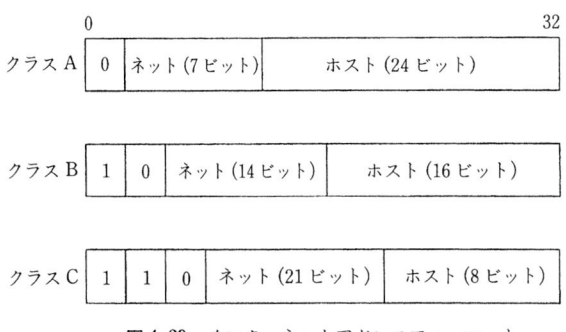

クラスA	0	ネット (7ビット)	ホスト (24ビット)
クラスB	1 0	ネット (14ビット)	ホスト (16ビット)
クラスC	1 1 0	ネット (21ビット)	ホスト (8ビット)

図4.29　インターネットアドレスフォーマット

に属していることがわかる．下位 16 ビットは，ネットワークアドレスが割り当てられたネットワークの管理者に一任されており，たとえば大阪大学においてはこの 16 ビットを 8 ビットのサブネットワークと 8 ビットのホスト番号に割り当てることとしており，上の例では 144. がサブネットワーク (comm.eng.) を表し，69. がホスト (tom) 番号を表している．

このように英字記号で表記されたアドレスは，ルーチングのために 2 進 IP アドレスに変換する必要がある．このために，ドメイン名を IP アドレスに変換するテーブルがつくられ，DNS (domain name system) サーバとよばれて網内に配置されている．

IPv4 では，IP アドレスが 32 ビットで表されているが，インターネットの普及によりアドレス容量が不足してきており，IPv6 では 128 ビットへと容量拡大がはかられている．

c. メッセージの流れ

ホスト A から，三つのネットワークを介してホスト B にメッセージを送る場合のメッセージの流れを図 4.30 によって説明しよう．

まず，ホスト A のユーザからのメッセージはアプリケーション層を通してトランスポート層に渡される．トランスポート層ではメッセージを適当な大きさに区切って，トランスポートプロトコルで使用されるヘッダ (TH：transport

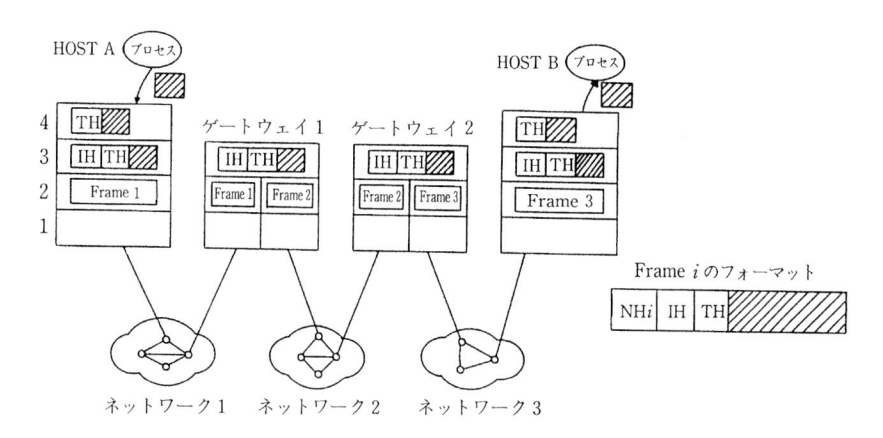

図 4.30 インターネットにおけるメッセージの流れ
NHi：ネットワークヘッダ(ネットワーク i 用)，IH：インターネットヘッダ，
TH：トランスポートヘッダ

header) を付加し，インターネット層に渡す．インターネット層でも制御情報である宛先アドレスなどが入ったプロトコルヘッダを付加し，ネットワーク層に渡す．ネットワーク層でも同様にヘッダを付加し，ゲートウェイ 1 に向けてネットワークに送り出す（ネットワーク層でつくられたものを frame とよぶ）．ゲートウェイ 1 では，受信したフレームをネットワーク層でネットワーク層ヘッダを取り除き，インターネット層に渡す．インターネット層では，宛先アドレスを見てルートを決定し，ゲートウェイ 2 に送るようにネットワーク層に依頼する．ネットワーク層では今度はネットワーク 2 に合わせて，このレベルでのヘッダをつけてゲートウェイ 2 に向けて送り出す．ゲートウェイ 2 でも同様にインターネット層で宛先アドレスを見て自分のネットワークのホストであることを認識して，ネットワーク層にホスト B に向けてネットワーク 3 に送り出すことを依頼する．ホスト B では受信したフレームを，下の階層から順に送信側でつけたヘッダを取り外しながらトランスポート層まで渡していく．そこで順序を正しく並べ替えたり，誤りチェックをして，正しければホスト A にメッセージが到着したことを知らせる．アプリケーション層までいくとユーザに渡される．

4.5 ISDN プロトコル

ISDN においては，1.4 節で述べたように基本インタフェースと 1 次群インタフェースの 2 種類の**ユーザ・網インタフェース**が標準化されている．**基本インタフェース**では，**B チャネル** (64 kb/s) 2 回線と **D チャネル** (16 kb/s) 1 回線を提供する．さらに高速の **1 次群インタフェース**では，各種のチャネル (64, 384, 1536 kb/s) の組合せが用意されている．

4.5.1 ユーザ・網インタフェース

ISDN において，加入者線に各種端末を接続する際に，ITU-T においては各種の参照点におけるインタフェースを規定している．図 4.31 はユーザ・網インタフェースの規定点を示している．NT_1 はユーザ宅内にあって加入者線伝送に関するレイヤ 1 の終端機能をつかさどるもので，通常 **DSU** (digital service unit) とよばれる装置である．NT_2 はレイヤ 3 までの機能を有する．規定点 T，S は網とユーザ側（端末側）の機能分担に応じて選択して使用される．R 点は既存端末

(アナログ電話機，Xシリーズ端末など)を収容する場合の規定点である．

ITU-Tで標準化されたユーザ・網インタフェースはIインタフェースとよばれ，表4.3に示すように，基本インタフェースおよび1次群インタフェースの2種類が規定されている．基本インタフェースでは，Bチャネル(64 kb/s)2回線とDチャネル(16 kb/s)1回線を提供する．1次群インタフェースでは，1536 kb/sの速度を各種のチャネル(B, H_0, H_{11})の組合せで使用できる．なお，Bチャネルは回線交換モードおよびパケット交換モードで使用できる．H_0およびH_{11}は回線交換モードに限定されている．さらにISDNでは，加入者線信号に共通線信号の機能を織り込み，信号用のチャネルとしてDチャネルが用意されている．このため，通信(B)チャネルとは独立に信号が送受でき，多彩なマルチ

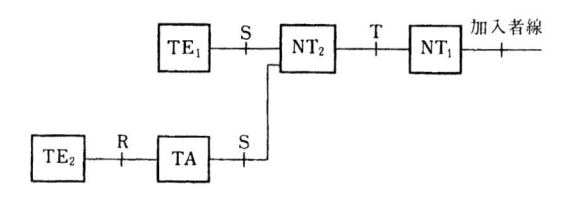

図 4.31 ISDNユーザ・網インタフェースの規定点[1]
S, T点：ISDN標準インタフェース規定点，R点：ISDN非標準インタフェース規定点，NT_1, NT_2：網終端装置，TE_1：ISDN標準端末，TE_2：ISDN非標準端末，TA：端末アダプタ．

表 4.3 ユーザ・網インタフェースのS点での仕様[1]

ユーザ・網インタフェース		速度 [kb/s]	構造	記事
基本インタフェース (ベーシックアクセス)		192	2B+D	B=64 kb/s D=16 kb/s 2Bは，単独のB二つとしても，128 kb/sとしても使用可能
1次群インタフェース	Bチャネル 多重アクセス	1544	23B+D	B=64 kb/s D=64 kb/s H_0=384 kb/s H_{11}=1536 kb/s
	H_0チャネル 高速アクセス		$4H_0$ または $3H_0$+D	
	H_{11}チャネル 高速アクセス		H_{11}	
	1次群混合 インタフェース		$nB+mH_0$+D	

メディア通信が可能となる．また，Dチャネルでは信号機能のほかにパケット情報も授受できる機能を有している．

4.5.2 電気物理層 (レイヤ1) の規定

基本インタフェースは I.430 により，1次群インタフェースは I.431 によりそれぞれ規定されている．

a. 基本インタフェース

i. T点インタフェース
基本インタフェースは，伝送媒体として4線のメタリック平衡ケーブルを使用する．2組の 64 kb/s の B チャネルおよび 16 kb/s の D チャネルからなる多重チャネル構造を有し，伝送速度は 192 kb/s である．宅内の配線形態は，100～200 m の範囲内で，最大8台までの端末機器 (TE) を接続できる受動形の情報バス形式を基本としており (図 4.32 参照)，端末との接続には図 4.33 に示すような ISO 標準のコネクタを使用する．このバスを利用して，たとえば，2本の B チャネルで電話とファクシミリを，また D チャネルでパソコン通信を同時に行うことができる．

ii. U点インタフェース (加入者線伝送方式)
交換局から NT1 までは2線のメタリック平衡ケーブルで伝送される．加入者線ディジタル伝送技術としては，データ交換網では4線式の伝送方式が用いられているが，加入者線を4線化

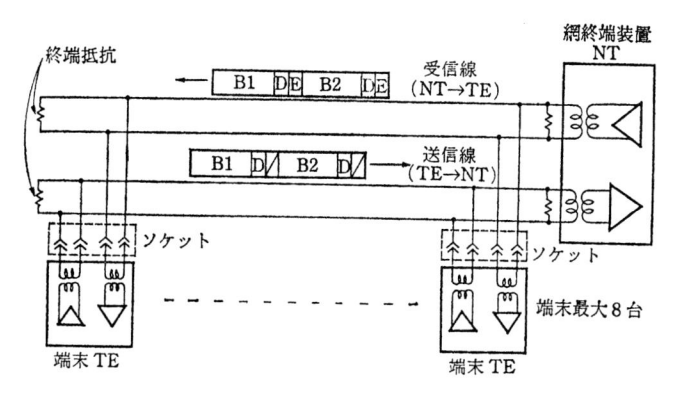

図 4.32 基本インタフェースのバス接続形態[23)]
B1, B2：情報チャネルビット (各8ビット)，D：信号チャネルビット (1ビット)，E：エコーチャネルビット (1ビット)．

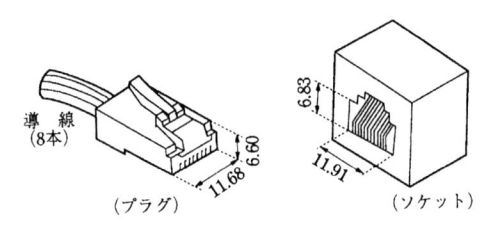

図 4.33 基本インタフェース用のコネクタ（単位：mm）[2]

することは通信設備の大きな部分を占める加入者系のコストが増大することから好ましくなく，2線式でディジタル伝送を行うことが要求される．このような2線式ディジタル伝送技術としてはつぎの3方式が考えられる．

(1) ピンポン伝送方式（時分割方向制御伝送方式）
(2) エコーキャンセラ伝送方式
(3) 周波数分割伝送方式

世界的には(1)，(2)が主流であり，以下これらについて説明する．

ピンポン伝送方式は，図 4.34 (a) に示すように，送信側では，連続的な送信パルス列をバッファメモリに書き込み，あらかじめ決められた周期（バースト周期）ごとに書込み速度の2倍以上の速度でメモリから読み出し，バースト状のパルス列に変換して加入者線に送出する．したがって，ラインビットレートは伝送容量の2倍強となる(144 kb/s の情報を送るのに 320 kb/s のビットレート，バースト周期 2.5 ms が用いられている)．受信側では，バースト状の受信信号をバッファメモリに書き込んだあと，連続的なパルス列として読み出す．逆方向に送信する場合は，バースト間の空き時間を使って同様の動作でバースト信号として送出する．本方式ではケーブル内のすべてのディジタル加入者線に対して，局からの送出バースト信号を同一位相で送出することにより，近端漏話を回避できる．この方式は，英語では **TCM** (time compression multiplexing) 方式とよばれている．

エコーキャンセラ伝送方式は，図 4.34 (b) に示すように，アナログ伝送でのハイブリッド回路の考え方をディジタル伝送に対して適用したものであり，ハイブリッド回路とエコーキャンセラを組み合わせて送信パルスの受信側へのまわり込みを抑圧する．本方式ではラインビットレートを情報レートと同一にできるが，回線設計に際して，他回線からの近端漏話を考慮に入れる必要がある．

4.5 ISDNプロトコル 103

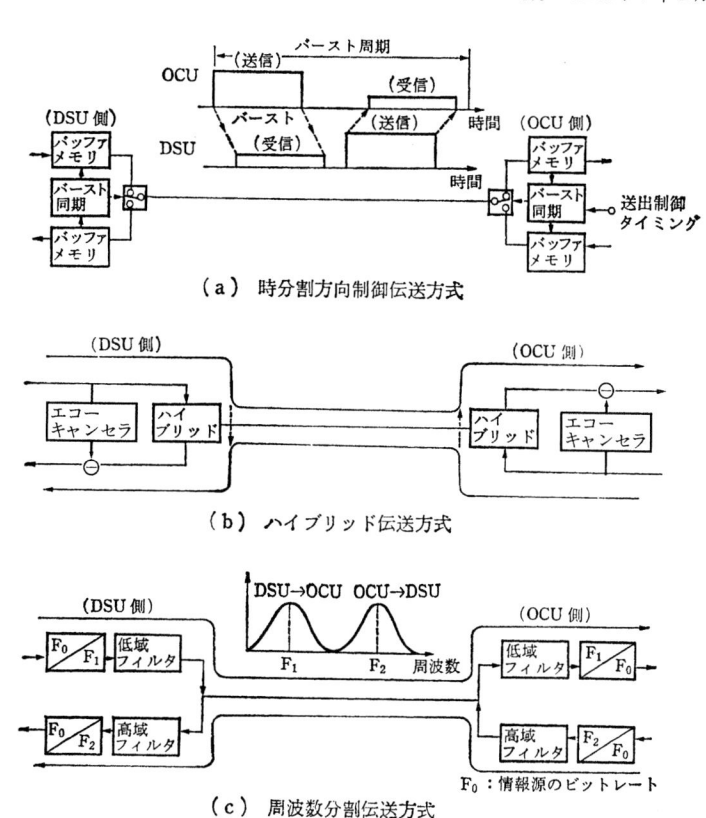

図4.34 2線式ディジタル加入者線伝送方式

(a) 時分割方向制御伝送方式
(b) ハイブリッド伝送方式
(c) 周波数分割伝送方式

上記のいずれの方式とするかは，アナログ電話用に敷設されている加入者線ケーブルの特性などに大きく依存し，近端漏話の多い場合はピンポン伝送方式が適する．一方，ほかの伝送方式とケーブル内で混在する場合や放送波への誘導を避ける必要がある場合はラインビットレートを低くできるエコーキャンセラ方式が適している．回路規模的にはエコーキャンセラ方式のほうが多少大きくなる．また，**周波数分割方式**は，図4.34(c)に示すように，上り・下りの情報信号をそれぞれ別の周波数 (F_1, F_2) を使用して伝送し，1本の伝送線路上で周波数帯を分けて伝送する方式である．この方式は，周波数帯が高くなり，メタリックの加入者線では漏話の点で実用的でない．むしろ，1次群インタフェースで使用される光ファイバでの波長分割多重の考え方がこの方式に近いといえる．また，最近イ

ンターネットの普及により大きくとりあげられるようになっている ADSL は，この範疇に属する．

b. 1次群インタフェース

1次群インタフェースは，中継伝送路の伝送速度との整合性を考慮して伝送速度が決められている．すなわち，米国，日本などの 1.5 Mb/s 系のハイアラーキとヨーロッパ諸国における 2 Mb/s 系のハイアラーキとに対応して，1544 kb/s と 2048 kb/s の二つのインタフェースが規定されている（表 4.3 には 1.5 Mb/s 系のみを示す）．1次群インタフェースでは，宅内ではメタリック平衡ケーブルを使用した1対1配線であり，通常，無中継で 300 m 以内の伝送が可能である．なお，交換局から NT_1 までの加入者線伝送方式には1本の光ファイバケーブルを用い，上り・下りを波長分割多重によって伝送する方式がとられている．

4.5.3 データリンク層（レイヤ2）の規定

ISDN ユーザ・網インタフェースのレイヤ2は，D チャネル上のリンクアクセス規約 (LAP : link access procedure) であり，従来のパケット網などで用いられてきた HDLC の平衡モードを基本として，ISDN 特有の条件，すなわち一つのインタフェースで複数端末の接続や要求の異なる情報転送機能を実現するための機能を追加したものである．

この規約は **LAPD** (link access procedure for D-channel) と総称され，ITU-T 勧告 Q.920/I.440 で概要が説明され，Q.921/I.441 で詳細な仕様が規定されている．LAPD のフレーム構成は，図 4.8 に示した HDLC によるパケットの形式と同様であるが，アドレスフィールドおよび制御フィールドがそれぞれ2オクテットに拡張され，情報フィールドが最大 260 オクテット（1オクテット＝8ビット）と規定されている（図 4.35 参照）．

I インタフェースでは，複数種の端末がバス構成のインタフェースに収容され，共通の D チャネルを用いて特定の端末と網の間の情報転送を個別に実現する機能（マルチポイント）が必要である．また D チャネルを呼制御用の信号とパケット通信用の情報とで共用するので，それぞれの情報に適した複数種の転送サービスを提供する機能（マルチサービス）も必要となる．このように，端末ごと，使用目的ごとにそれぞれ個別のレイヤ2リンクを独立性を保証しながら確立できるようになっており，これを**多重 LAP** とよぶ．この多重 LAP 機能を実現

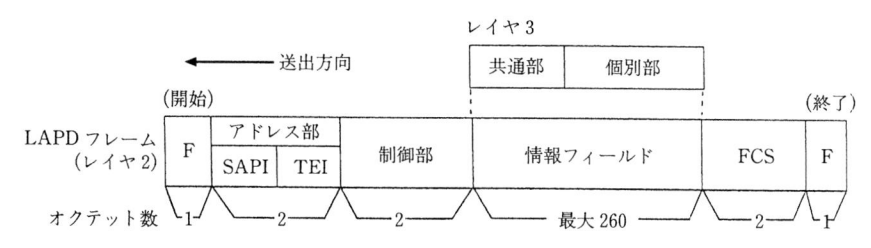

```
                    レイヤ3
               ┌──────┬──────┐
               │ 共通部│ 個別部│
    ←─送出方向   └──────┴──────┘
(開始)                                              (終了)
┌─┬──────────┬──────┬──────────┬────┬─┐
│F│アドレス部   │      │          │    │ │
│ ├────┬─────┤制御部 │情報フィールド│FCS │F│
│ │SAPI│ TEI │      │          │    │ │
└─┴────┴─────┴──────┴──────────┴────┴─┘
 1    2      2       最大260     2   1
```

図 4.35 Dチャネルにおける加入者線信号方式の信号フォーマット
F：フラグシーケンス "01111110"，FCS：フレームチェックシーケンス．

LAPDフレーム（レイヤ2）
オクテット数

するため，スループットや優先度の異なる情報転送機能種別を識別するサービスアクセスポイント識別子 (SAPI : service access point identifier) と，同一ユーザ・網インタフェースに収容されている各端末を識別する端末終端点識別子 (TEI : terminal endpoint identifier) を，アドレスフィールドに設けている．

4.5.4 ネットワーク層（レイヤ3）の規定

このレイヤは，制御情報をユーザと網との間でやりとりし，ユーザの要望に応じて通信パスの設定，維持，解放などを制御するものである．制御情報は，図 4.35 に示した情報フィールドで転送される．ITU-T 勧告 Q.930/I.450 で概要が記述され，Q.931/I.451 で詳細な仕様が規定されている．

このレイヤでは，回線交換呼およびBチャネルを介したパケット交換呼に対する通信チャネル設定・解放制御信号，ならびにDチャネルを介したパケット交換呼の情報転送を扱う．ISDNでは，1本のバス上に複数の異なる端末が接続されるので，発着端末間で情報メディアや通信速度などが一致することを確認し，無効な接続を防止する必要がある．このためには，通信可能性確認情報（整合性確認情報ともいう）とよぶ情報を発着端末間で授受する必要がある．さらに伝達機能の属性として，交換モード（回線交換/パケット交換），転送速度，透過性（ビット透過/非透過），対称性（上下同速度/上下異速度など），パス構成（1対1/同報）などの情報授受も必要となる．これらの情報を総称して「通信クラス」とよび，発呼時，着呼時に情報フィールドを使って端末・網間で授受される．

ディジタル電話機相互間の回線交換呼に対する基本呼制御手順を図 4.36 に示す．ディジタル電話機の場合には，受話器を上げると電話機から発信音が出て，ダイヤルが終了すると呼設定信号が送出される．呼設定信号では，電話機相互の

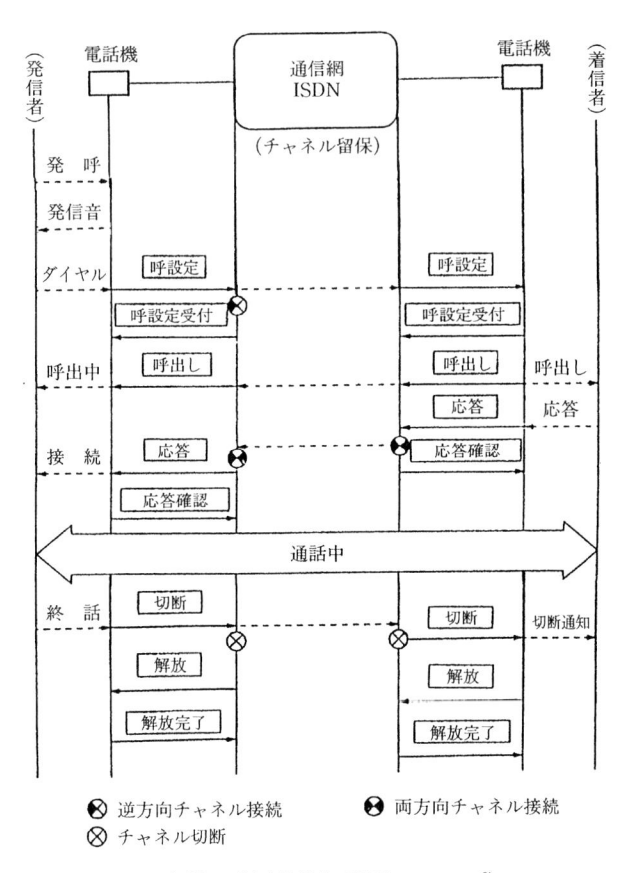

図 4.36　回線交換基本呼制御シーケンス[2]

電話接続モードであることが着信側交換機まで伝えられ，着信電話機を起動する．呼設定受付信号は呼設定処理中を示すメッセージである．着信電話機では，呼設定信号を受信すると，電話機のベルを鳴動させるとともに，発信電話機に向けて呼出し中であることを示す信号を送出する．この間は，通話パスは片方向だけが接続状態にある．そして，着信電話機が応答すると，応答通知信号により発信側にその状態が通知され，これを受けた交換機は通話パスを両方向接続状態とし，通話が可能になる．応答確認信号は接続確認メッセージである．

通話が終了すると発信電話機あるいは着信電話機から切断信号が送られ，この指示によってネットワークは回線を切断する（ディジタル電話機の場合は first party release 方式が採用されるので，着信側電話機からも切断となる）．解放信号は回線切断完了通知と，呼設定信号で設定した呼番号の解放要求メッセージである．呼番号が解放されると回線解放と呼番号解放完了通知メッセージが解放完了信号で返送されて通信は完了する．

パケット交換呼に対しては，加入者線区間においてBチャネルを経由して情報を授受する場合とDチャネルを経由する場合とがあり，図4.37に示す呼制御手順によって接続される．その概要を以下に述べる．

a. Bチャネル経由パケット交換

端末は，まずDチャネルのレイヤ2呼制御手順用（SAPI=0）リンクを用いて，回線交換呼制御手順によって，端末からのBチャネルをパケット処理装置に接続する．Bチャネル設定後は，Bチャネルを介してX.25パケットレベルの手順に従って，パケット論理コネクションの設定およびデータ転送を行う．

b. Dチャネル経由パケット交換

Dチャネルのレイヤ2パケット通信手順用（SAPI=16）リンクを介して，端末と網（パケット処理装置）との間でX.25パケットレベルの手順に従って，パケット論理コネクションの設定およびデータ転送を行う．

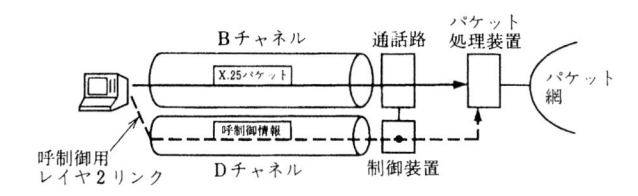

(a) Bチャネルパケット

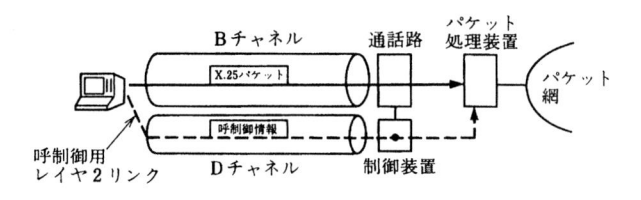

(b) Dチャネルパケット

図4.37 パケット交換呼制御手順[1]

4.6 ATMプロトコル

B-ISDNでは回線交換とパケット交換の中間的な方式である非同期転送モード(ATM)が適用される.その特徴は,つぎのとおりである.
(1) 情報転送機能を極力ハードウェア化して処理の簡単化と高速化をはかる.
(2) 固定長(53バイト)セルを用い,網内では誤り制御やフロー制御などは行わない.情報速度に応じて必要数のセルを発生し,非同期方式で多重伝送する.

4.6.1 プロトコルの構成

ATMのプロトコルは,ATMフォーラムおよびITU-Tにおいて標準化が進められ,1996年に最初の勧告が制定された.そのプロトコルは,ATM物理層(ATM physical layer),ATM層(ATM layer),ATMアダプテーション層(AAL:ATM adaptation layer)の3サブレイヤに階層化されており,OSIモデルの電気物理層とデータリンク層の一部に対応している(図4.38参照).

ATM物理層は伝送媒体とのインタフェース,ATM層はセルの同期,多重化などの機能,AAL層はデータリンク層を含む上位層とのインタフェース機能をつかさどる.

ATM層で規定されているセルのフォーマットは,図4.39に示すように53バイトの固定長で,5バイトのH(ヘッダ)には図4.40のように論理チャネル識

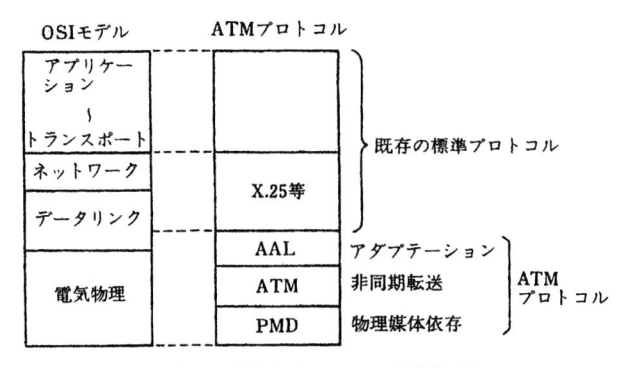

図4.38 ATMプロトコルの階層構成[1]

4.6 ATMプロトコル　109

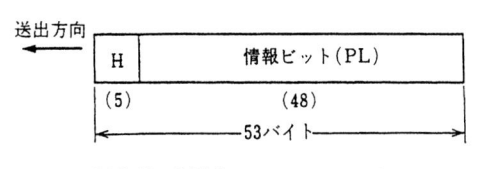

図4.39　ATMのセルフォーマット

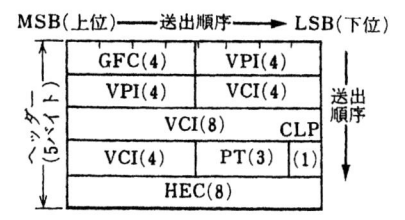

図4.40　ヘッダ部の構成（ユーザネットワーク間インタフェースの場合）[1]

GFC : generic flow control, VPI : virtual path identifier, VCI : virtual channel identifier, PT : payload type, CLP : cell loss priority, HEC : header error control.

別，優先制御（CLP : cell loss priority），ヘッダ誤り制御（HEC : header error control）などが含まれ，48バイトのペイロード（PL : pay load）でユーザ情報が運ばれる．誤り訂正はヘッダ部分についてのみの誤り検出と訂正機能を有しており，情報ビットについては誤り制御やフロー制御は端末側に任せて処理を簡単化している．

4.6.2　バーチャルパスとバーチャルチャネル

ATMでは情報はセル単位で転送されるので，固定的な回線は設定されないが，発ATM端末と着ATM端末の間には，セルが転送されるべきパスをあらかじめ定めておく．これを「ATMコネクション」とよぶ．実際にこのATMコネクションを設定するにあたり，階層的な構成をとり，図4.41に示すように伝送媒体の中に複数の**バーチャルパス**（VP : virtual path）を設定し，各VPの中にさらに**バーチャルチャネル**（VC : virtual channel）を設定する．そして，各VCを通してセルを転送する．

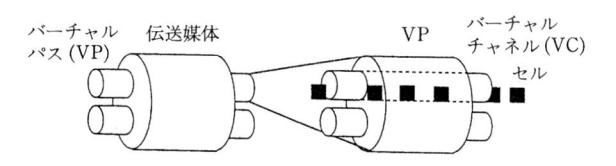

図4.41　バーチャルパスとバーチャルチャネル

110   4. 信号方式とプロトコル

　典型的なVCは，発着ATM端末間を結ぶものであり，従来のチャネルと同等の概念と考えてよい．ただし，VCはネットワーク内における対応関係を示しているもので，回線を占有しているわけではなくセルが転送される際に有効となる．そして，VPは複数のVCをひとまとまりにとらえたものと考えることができる．

　図4.40のヘッダ部において，**VPI**はVPの番号を，**VCI**はVCの番号をそれぞれ表しており，これらを総称して，ATMコネクション識別子という．セルのルーチングはこの識別子を利用して行われる．

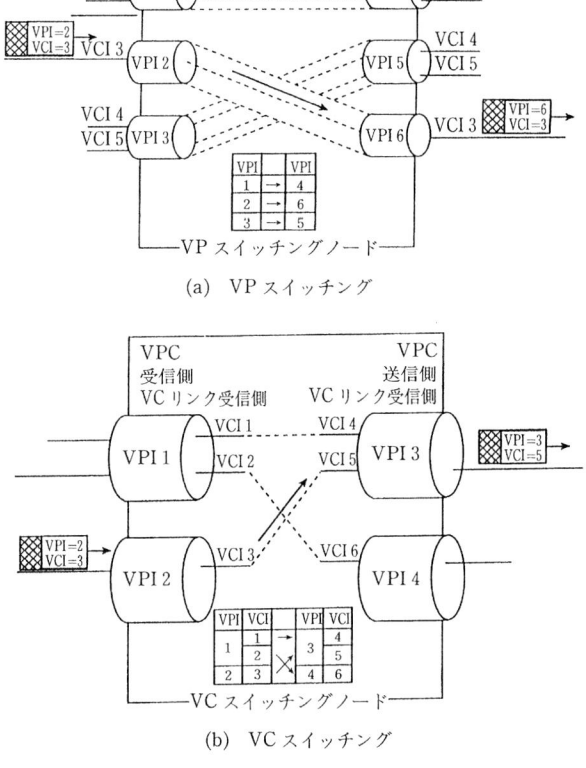

(a) VPスイッチング

(b) VCスイッチング

図4.42　VPスイッチングとVCスイッチング

a. VPIの値に基づくルーチング (VPスイッチング)

これは，VPIのみを利用してスイッチングを行うモードであり，各VPに含まれているVCはそのまま一括してスイッチングされる．したがって，スイッチされる前とされたあとでVP内のVCの構成は変化しない（図4.42(a)参照）．このような機能を有するATMノードを「**クロスコネクト**」とかVPスイッチングノードとよんでいる．

b. VCIの値に基づくルーチング (VCスイッチング)

これはVCのルーチング機能を実現する方法で，異なるVPで同じVCI値をもつVCが存在しうるので，VCIの値に基づくルーチングを行うにはVPIとVCIの双方の値に基づくルーチングを行う必要がある（図4.42(b)参照）．これを実現するノードをVCスイッチとかVCスイッチングノードとよぶ．

4.6.3 サービスカテゴリ(動作様式)

ATMでは，音声やテレビなどのように多少の損失は許されるが実時間性が要求される情報と，データのような遅延は許せるが損失に厳しい情報がセル化されて多重化伝送される．そのため，ネットワーク内でのセルの処理を一律に行うと，輻輳時に前者のセルが遅延して品質が劣化したり，後者のセルが廃棄されて誤りが生ずる可能性がある．このようなことが起こらないように，伝送すべき情報に則して，各種のサービスカテゴリ（動作様式）が設けられ，それぞれの要求品質を満足するように優先制御を行う方法が考えられている．品質クラスの格付けはユーザの申告に基づいて行うが，申告どおりの情報が来ることを検査する必要があり，これをUPC (usage parameter control) という．

(1) 固定ビットレート (**CBR**: continuous bit rate)： 情報の最高速度に見合うようにセル数をあらかじめ割り当て，リアルタイム転送が可能なように常時一定速度を保証するモードで，擬似回線交換やリアルタイム音声などに適する．**PCR** (peek cell rate：最小セル間隔時間で定まるセル転送速度) を常時保証するように動作する．

(2) 可変ビットレート (**VBR**: variable bit rate)： 情報の速度に応じて必要数のセルを発生して伝送するモードで，リアルタイム形 (rt-VBR) と非リアルタイム形 (nrt-VBR) とがある．前者は可変速度パケットビデオ情報の転送に，後者はコネクション形データの転送にそれぞれ適して

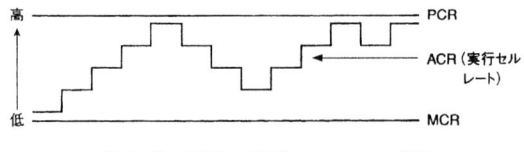

図 4.43 ABR の実行セルレートの変化

いる．VBR では，ユーザと網との間で，PCR, SCR (sustainable cell rate：平均セルレート), MBS (maximum burst size：最大バーストサイズ) を定め，その条件の範囲内で，可変ビットレートのサービスが行われる．CBR に比べると，バースト性のあるトラヒックを扱う点が大きく異なっている．

(3) 利用可能ビットレート (**ABR**：available bit rate)： リアルタイム性は保証しないがセル損失を極力防止する転送モードで，ユーザは可能なだけのネットワークリソースをダイナミックに利用することが可能である．ABR では，PCR と **MCR** (minimum cell rate) を定めておき，RM (resource management：リソース管理) セルを使用してネットワークの状況に応じて ACR (actual cell rate：実行セルレート) を速度調節し，MCR と PCR の間におさまるようにする (図 4.43 参照)．このモードは，コネクションレス形データに適する．

(4) 未指定ビットレート (**UBR**：unspecified bit rate)： このモードは，セル損失率やセル遅延変動に関する規定はせず，PCR だけは定めておき，ネットワークが混雑していなければ PCR で通信ができるが，輻輳してくるとスループットが低下する，いわゆるベストエフォートで伝送する．したがって，ファイル転送，データバックアップ，LAN 間接続，電子メールなどの非リアルタイムデータ転送アプリケーションに適している．

(5) 保証フレームレート (**GFR**：guaranteed frame rate)： UBR では，ベストエフォートで伝送するが，ネットワークの輻輳が激しい場合には最低のセルレートは保証されていない．これに対して，nrt-VBR にフレームの考えを導入し，フレームサイズを予約して，MCR を保証するモードである．ユーザがネットワークに申告するパラメータとしては，PCR, MCR, MBS に加えて，MFS (maximum frame size) がある．このモードは，ベストエフォートサービスを快適に受けられるモードといえる．

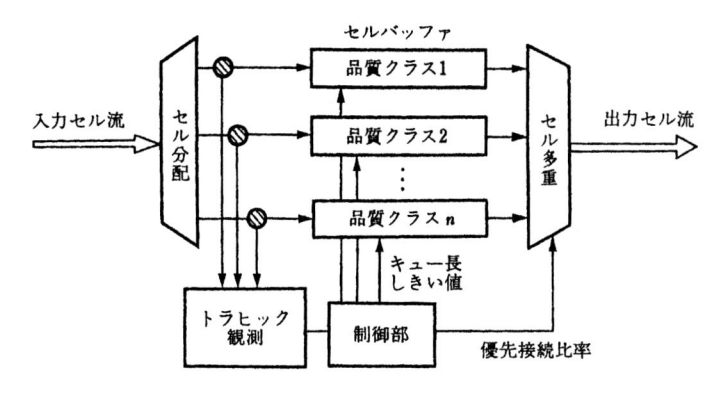

図 4.44 品質制御の機構[1]

4.6.4 ATM交換システムにおける通信品質制御

ATM では，前項に述べたようにメディアによって要求する品質が異なっている．このような要求条件を達成するためには，各サービスクラスに対応した優先制御を行えるように，図 4.44 に示すように独立したセルバッファを品質クラス別に設けて，入力したセルをクラスに対応したバッファに分配する．そして，この複数のバッファから出力回線への読出し順位を制御することにより，各品質クラスにおけるセル損失率およびセル遅延時間が保証できる．出回線の帯域割当ては各品質クラスのトラヒック量からその比率が決定され，トラヒック観測値に基づき制御可能である．

4.6.5 AAL層の働き

ATM では，ユーザからの情報を 53 バイトのセルに分解して宛先まで伝送し，受信した端末でもとの情報に組み立てることが必要である．この操作を ATM アダプテーションとよび，この機能を AAL 層で実現している．この一連の操作は，コンバージェンス (convergence)，セグメンテーション (segmentation)，リアッセンブリ (reassembly) とよばれる．コンバージェンスは，ユーザのアプリケーションからの情報をセル化する際にデータを一つのまとまりとして表現する処理を行い，このまとまりを，送信側で ATM セルに分割する処理をセグメンテーション，受信側においてセルで送られてきた情報を組み立て直してもとの情報の形（コンバージェンス層の形）に戻す処理をリアッセンブリとよんでいる．

AAL (ATM adaptation layer) は，前項に述べたサービスカテゴリの種類に適するアダプテーション処理を行うために，五つの種類が検討されてきた．しかし，現在ではアプリケーションのほとんどは **AAL1** と **AAL5** にかぎられている．すなわち，AAL1 が CBR (continuous bit rate) サービスに適用されており，AAL5 は機能が簡略化されており，ATM-LAN におけるデータ，シグナリング制御パケット信号，ビデオを含めてほとんどのアプリケーションに適用されている．そして，AAL2 が新しいアプリケーションに向けて標準化が進められた．

図 4.45 に AAL5 のコンバージェンス層のフォーマットを示す．コンバージェンス層は CPCS (common part convergence sublayer) 層と SAR (segmentation and reassembly) 層から構成されている．CPCS 層では，ユーザ情報（最大 64 キロバイト長）に，情報を効率よく区切るための情報とエラー検出用符号からなるトレーラをつけて構成されている．トレーラは，CPCS のデータユニットの長さを 48 バイトの整数倍にするための padding，パケット長を示す length（2 バイト），エラーチェックのための 32 ビットの CRC 符号 (CRC-32)（4 バイト）から構成される．この CPCS-PDU (CPCS-protocol data unit) を，SAR 層において 48 バイト長に区切ってセルにする．この際，最後のセルを表す識別子として，セルヘッダの PT フィールドの 1 ビット目が使用される．最後のセルを受信して，つぎにセルを受信すると，先頭セルと判断する．途中のセルが抜けた場合には，CPCS の誤り検出機能で検知される．

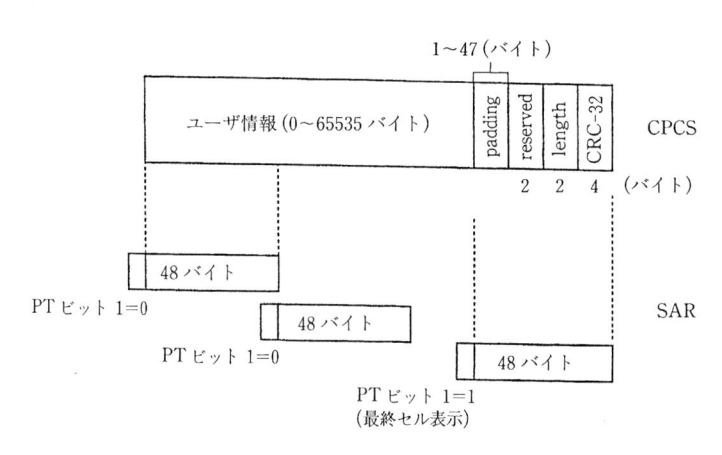

図 4.45 AAL5 のコンバージェンス層のフォーマット

また，**AAL2**は，rt-VBRのためのアダプテーション処理のために検討されてきたが，具体的な適用方法がないまま，標準化が残されていた．しかし，1990年代後半に入って，IMT-2000方式による携帯電話の基地局相互を結ぶATMバックボーンやPBX相互間を結ぶ低速度用の音声中継線のために，効率のよい転送方式の開発が望まれていた．これまでのアダプテーション処理は，一つの情報源からの情報をセルに区切って伝送する方式であったが，携帯電話のような低速情報のセル化には遅延時間が増加するという問題が出てきた．そこで，複数の情報源からの情報を一つのセルに多重化する技術が考案され，1997年ごろには標準化が進められた．たとえば，CDMA (code division multiple access) 方式の場合には，低速の音声符号化方式により符号化されたあと，2ないし36バイトのバーストに圧縮される．そして，基地局ではこのバーストを多重処理することになる．そこで，これらの情報をATMネットワークで伝送するに際し，新しいAAL2により，図4.46に示すようにセルに多重化する方式が標準化された．

図では四つの音声チャネルからの可変長バーストを一つのセルに多重化する例を示している．音声バーストには，AAL2端局において3バイトのヘッダがつけられ，CPSパケットに組み立てられる．ヘッダとしては，CPSパケット送受

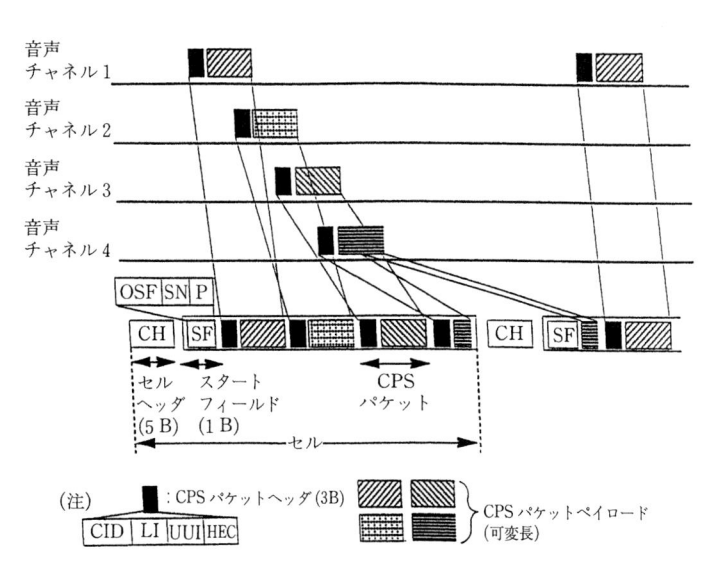

図4.46　AAL2セルの構成

信端識別のための接続ID (CID: connection ID), CPSパケットのペイロード長 (LI: length indicator), ユーザ間情報 (UUI: user-to-user information) およびヘッダ誤り制御 (HEC: header error control) から構成される. そして, これらのCPSパケットは到着順にATMセルに多重化される. AAL2端局は, ネットワークにおいて基地局の上位に配置され, 配下に複数の基地局が配置され, ATMバックボーンのゲートウェイの機能を果たす.

セルペイロードの最初の1バイトはスタートフィールドとして使用され, オフセットフィールド (OSF: offset field), シーケンス番号 (SN: sequence number), ならびにパリティ情報 (P: parity) を転送する. オフセットフィールドは, 図において音声チャネル4のバーストがセル化されるときに分割されているが, このような状態を示すフィールドとして使用される.

演習問題

(1) 電話交換の加入者線信号方式として, ダイヤルパルス方式と押しボタン信号方式があるが, 両者を機能面, 性能面で比較せよ.
(2) データ伝送における文字同期方式として, 調歩同期, ベーシック手順, およびHDLC手順がある. それぞれの機能を図を用いて説明せよ.
(3) 巡回符号とはどのようなものか説明せよ.
(4) $P(X)=X^3+X+1$ で生成される巡回符号が, 二重誤り以下を検出できる符号長を求めよ.
(5) OSI基本参照モデルの各レイヤの名称と機能を述べよ.
(6) No.7共通線信号方式のプロトコルにおける下記の機能が属するレイヤを示せ.
(a) 呼処理, (b) 信号のルート選択, (c) 誤り制御, (d) STPへの負荷分散
(7) 公衆パケット交換網におけるパケット端末プロトコルについて, レイヤ1からレイヤ3までの仕様を述べよ.
(8) インターネットで使われるTCP/IPについて, インターネット層およびトランスポート層の代表的な機能を説明せよ.
(9) N-ISDNの基本インタフェースのユーザ・網インタフェースについて述べよ.
(10) N-ISDNの基本インタフェースにおける加入者線伝送技術について述べよ.
(11) N-ISDNの1次群インタフェースのユーザ・網インタフェースについて述べよ.
(12) 非同期転送モード (ATM) のプロトコルの階層構造を示し, 各層の機能について述べよ.
(13) 非同期転送モード (ATM) におけるバーチャルパスとバーチャルチャネルについて論じよ.
(14) 非同期転送モード (ATM) における五つの動作様式を列挙し, それらの機能を比較して論じよ.

5. 蓄積プログラム制御方式

　交換機において呼の接続制御，各種のサービス提供は，コンピュータ技術としての蓄積プログラム制御方式により行われている．本章では，これらの交換機制御技術の基本事項について理解することを目的として，下記の項目について説明する．
(1) 交換機の制御技術の基本を理解する．
(2) 交換機制御の中核となる中央処理系の仕組みを理解する．
(3) 蓄積プログラム制御を実現する各種プログラムの仕組みを理解する．

5.1　制御方式の分類

　交換機の制御系は，端末または回線からの入力情報に基づき，通話路系を制御し，所望の入・出線間の通話路を設定する機能を有する．手動交換機から電子交換機に至るいかなる交換機でも，その果たすべき基本的な機能に大差はない．大きな制御の流れは 2.1 節で述べた．
　この基本機能を手動交換機の場合に当てはめてみると，扱者の耳や目によって検出された入力情報に基づいて，扱者の判断と操作によって方路識別，出線試験，出線捕捉，被呼者試験，通話路設定，切断復旧などの機能を達成する．このような人間による制御を機械化したものが自動交換機と考えることができる．
　制御システムは**単独制御**と**共通制御**に分類される．電磁交換機は初期の方式（ステップバイステップ方式）には単独制御が用いられたが，クロスバ交換方式では通話路系と制御系を分離し，制御系を通話路の制御に共通的に使用する共通制御方式が主流となった．これらはいずれも機能を専用の論理回路で実現する「**布線論理方式**」をとっていた．これに対して制御系にコンピュータ技術を取り入れ，ソフトウェアで制御機能を実現するものを蓄積プログラム制御方式とよん

118   5. 蓄積プログラム制御方式

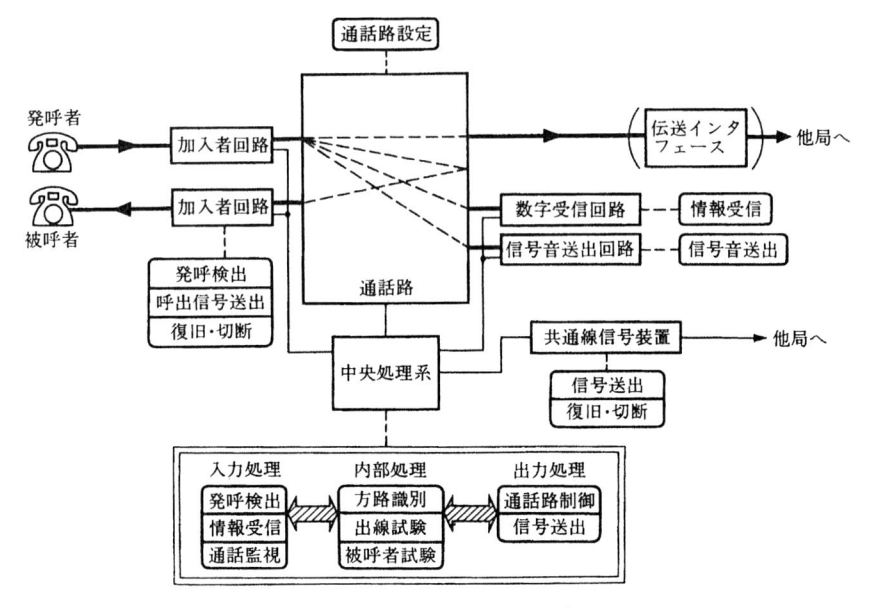

図 5.1 電子交換方式の構成[1]

でいる．電子交換機は共通制御方式で，初期には布線論理方式が適用されたが，本格的な展開を示したのは蓄積プログラム制御方式である．以後，**蓄積プログラム制御方式** (SPC：stored program control system) について説明しよう．

　蓄積プログラム制御による電子交換方式では，図5.1に示すように中央処理系と通話路系で構成され，通話路系の各周辺装置は，それ自体は処理機能をもたず，電話機や回線からの信号を中央処理系に伝達し，中央処理系からの制御に従って動作する．中央処理系はコンピュータを主体に構成されており，制御機能をソフトウェア（プログラム）により実現しているので，複雑・高級な機能を経済的に実現できるのみならず，その追加・変更も容易である．また，故障の検出や自動診断などの高度な機能を具備することができる．図には通話路系各装置が交換処理機能を実行する際に分担する各種機能（▢印）とソフトウェアによって実行される処理機能（▢印）を併記している．

5.2 交換機中央処理系の構成

5.2.1 基本構成

　SPC (stored program control) 方式の心臓部である中央処理 (CP：central processor) 系は，図5.2のように，論理演算を行う中央制御装置 (CC：central control) とプログラムやデータを格納する記憶装置 (メモリ)，データチャネル部などから構成され，CCが命令を実行する中心部分を構成する．

　中央処理系では，交換システムに入ってくる情報，たとえば信号受信装置からの情報を入力として，主メモリに記憶されている交換プログラムやデータを読み出して，呼処理や保守試験に関する演算を実行し，最終結果として通話路系，入出力系の各装置に詳細な動作指令を出す．

　CCが直接読み書きできるのは主メモリで，使用頻度の高いプログラムやデータが格納されている．このメモリは高速動作が必要であり高速のLSIメモリ (DRAM：dynamic random access memory) で構成され，データの書換えも頻繁に行われる．一方，外部メモリはファイルメモリともよばれ，使用頻度の低いプログラムやデータ類を格納しておき，交換処理で必要となったときに主メモリへ適宜転送する仕組みとなっている．このため，動作速度は主メモリほど高速でなくてもよいが，電源が切れても内容が保存されることが重要で，しかも大量の情報を蓄積しておくために，主メモリよりも安価な記憶装置が使われる．現在で

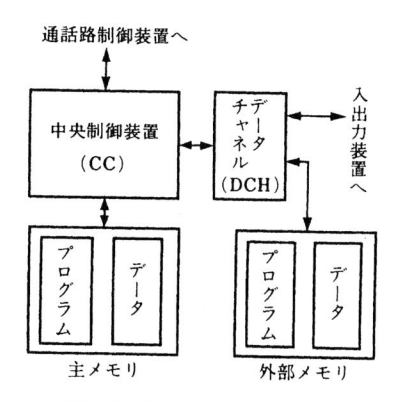

図5.2　中央処理系の装置構成[1]

は，ハードディスク（HDD：hard disk drive）装置を主体に構成されている．

5.2.2 中央制御装置の動作

　中央制御装置（CC）は，主メモリに記憶されている命令やデータを逐一取り出して実行する，いわゆるノイマン形制御を実行するので，制御動作はつねに一つの処理ずつ行っていき，複数の処理を並行に進める機能はもっていない．

　交換機では，数万回線の電話機や中継線からの信号を実時間で処理することが必要であり，数千アーランの呼に関する処理を並行して実行しなければならない．このため，多数の仕事を並列に処理する方策として，時分割（time sharing）的に実行する多重処理が適用される．とくに，交換処理においては，呼に関する状態変化の際にのみ信号が発生し，CP系が処理を実行すればよく，一つの呼の発生から終話までの間でCPが関与すべき時間は非常に短く，必要なつど時分割的に関与し，多数の呼を並行して処理することができるので，多重処理が有効に機能する．

　このような多重処理を効率的に行うためには，一連の処理を分割し，優先順位を付与する必要があり，緊急レベル，クロックレベル，ベースレベルとよばれる三つのレベルの優先順位が与えられている（5.3節参照）．優先順位の異なる処理間の移行を行うには，仕事の中断と遷移のきっかけが必要であり，CCは割込み制御機能を有している．すなわち，命令実行の中断を要する状態（割込み）を検出し，条件が成立すれば命令実行を中断し，中断状態を主メモリのあらかじめ決められたエリア（システムエリア）に退避（保存）したあと，特定番地から命令実行を開始する．

5.2.3 周辺装置からの情報検出技術

　交換機においては，中央処理系が呼に関する処理を開始するきっかけは，回線の状態変化に基づいている．このため多数の回線の状態変化を効率よく検出する技術が蓄積プログラム制御方式においては重要となる．

　たとえば，加入者が受話器を上げると加入者線は直流ループを形成し，電流が流れる．加入者回路において，この直流ループの状態が検出されCCに伝えられる．CCは，この状態変化を検出し（発呼検出），数字受信の準備をすることになる．人間が受話器を上げてからダイヤル操作するまでのタイミングを考えると，

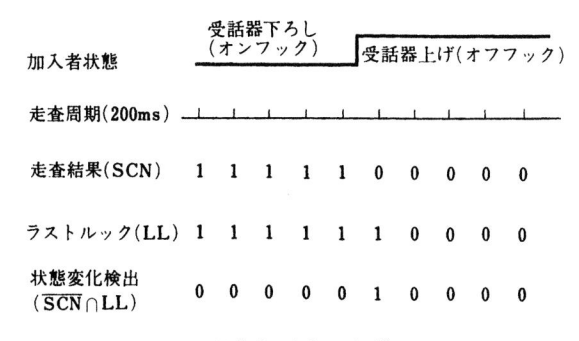

加入者状態	受話器下ろし(オンフック)	受話器上げ(オフフック)								
走査周期(200ms)										
走査結果(SCN)	1	1	1	1	1	0	0	0	0	0
ラストルック(LL)	1	1	1	1	1	1	0	0	0	0
状態変化検出 ($\overline{SCN} \cap LL$)	0	0	0	0	0	1	0	0	0	0

図 5.3　走査の原理[1]

発呼の検出は数百 ms ごとに行えば十分である．このように，一定周期で状態の監視を行うことを**走査** (scanning) とよぶ．図 5.3 に示すように，加入者線の状態を 200 ms ごとに調べ，前回の走査結果（ラストルック）と比較することによって状態変化を検出できる．

多くの加入者線の状態変化を効率よく検出するためには，たとえば 32 加入者を一つのグループにまとめてこのような処理が行われる（群処理という）．

また，20 PPS のダイヤルパルスを検出するためには，$T_M = 16$ ms のメークパルスの検出が必要となるので（図 4.4 参照），8 ms の走査周期で走査が行われる．

5.2.4　マルチプロセッサシステム
a.　負荷分散方式と機能分散方式

交換機のプロセッサは，増大する各種新電話サービスや，ISDN の新サービスの進展にともない，要求処理能力の増大に柔軟に対処できること，小規模から大規模までの交換局の広範な処理能力に経済的に応じられることが望まれる．この方法として，目的，用途に応じて複数のプロセッサを組み合わせた**マルチプロセッサシステム**構成をとるのが一般的である．マルチプロセッサシステムを処理の分担方法に着目して分類すると，同一処理機能をもつプロセッサを積み上げた**負荷分散方式**と，機能の異なるプロセッサで構成する**機能分散方式**に大別される．

負荷分散方式は，同一のプロセッサが一つの呼に対して，発呼から終話までの

全処理を実行するものや，あるまとまった単位に処理を分割し，その単位ごとに空いているプロセッサを選択して処理を実行する方式がある．その特徴は以下のとおりである．

(1) 取り扱う負荷が増加した場合に，プロセッサを増設していけばよいので，交換機の初期設備コストを少なくでき，融通性のあるシステムを構成できる．

(2) あるプロセッサに障害が発生しても，その影響が障害の起こったプロセッサで扱っている呼のみに局限化されるので，システム全体として信頼性が高い．

機能分散方式は，複数のプロセッサで一つの呼の処理を固定的に分担するもので，その特徴は以下のとおりである．

(1) 機能を分離し，そのモジュール化，ブラックボックス化をはかることにより，部分的な追加・変更にも容易に対処でき，融通性のあるシステムを構成できる．

(2) 分離した各モジュールごとに専用に設計するので，各モジュールの処理能力が向上する．

大規模な交換機では，両方式の特徴を生かした機能分散・負荷分散併用のマルチプロセッサシステムを実現している例が多い．

b. 密結合方式と疎結合方式

マルチプロセッサシステムをプロセッサ間の結合方式に着目して分類すると，**密結合方式**と**疎結合方式**に大別される．密結合方式は，各プロセッサが主メモリを共有し，主メモリを介してプロセッサ間の交信を行い，同期をとる方式である．密結合方式は，主メモリ速度に見合った高速のプロセッサ間通信が行えるので，互いに関連性の強いプログラムを実行する場合に適している．これに対し，疎結合方式は，独立に動作するプロセッサ間をチャネル結合やバスで接続し，これらを介してプロセッサ間でメッセージ交信を行い同期をとる方式である．疎結合方式は，密結合方式に比べてプロセッサ間の通信時間が大きいため，互いに独立性の強いプログラムを実行する場合に適している．

電話交換機のマルチプロセッサでは，処理内容に応じて密結合方式と疎結合方式を組み合わせた方式を採用している場合がある．たとえば，共通リソースである大規模通話路を共有メモリで管理し，全プロセッサでその情報を処理すること

で，矛盾なく効率のよい処理が可能となる．一方，このような通話路をもたないパケット交換機では，疎結合形式が一般的である．

5.3 交換機の処理ソフトウェア

5.3.1 交換処理ソフトウェアの機能と構成

電子交換機の処理ソフトウェアにはつぎのような特徴がある．
(1) 実時間性： 加入者からの操作（たとえば，発呼信号，応答信号など）にできるだけ即応しなくてはならない．しかも，交換機が制御する信号は数十 ms の時間精度を要求するものが多い．
(2) 超多重性： 1台の交換機には数万の端末や回線が収容され，これらが発生する呼は1時間あたり数十万呼に達することがある．
(3) 高信頼性： 交換機は通信ネットワークの中枢であり，交換機の寿命と考えられる約 20 年間にわたり 24 時間連続運転が前提とされている．
(4) 交換機の諸条件への適合性： 収容回線種別，局規模などの構成条件や短縮ダイヤル，一般，公衆などの端末サービス条件は多種で交換機ごとに異なる．
(5) 機能追加の容易性： 通信ネットワークの高度化，多様化が進展しており，それにともなう交換機への機能追加が頻繁にあり，それらに対する即応性が要求される．

交換機の処理ソフトウェアでは，つぎのようにしてこれらの要求にこたえている．

(1)，(2) に対しては，実時間多重処理に適したプログラム実行管理（OS：operating system）

(3) に対しては，障害処理機能の充実

(4) に対しては，局条件に依存しない部分と依存する部分の分離（ジェネリック構成）

(5) に対しては，各種高水準言語（C++，C など）による作成，追加の容易化

交換処理ソフトウェアは，交換機の運転に必要なもので，図 5.4 に示すように，処理手順を記述するプログラム部分とデータ部分に分離されている．データ部分は，各交換機に共通に用いるシステムデータ，交換機のハードウェア実装条

件，回線条件に依存する局データ，加入者線のサービス条件に依存する加入者データからなる．これはジェネリック構成とよばれており，局条件の相違を局データ，加入者データで吸収し，ほかの部分を各交換機で共通的に使用することを可能にしている．

交換用プログラムは，呼処理プログラムと保守運用プログラムに大別することができる．さらに，この交換用プログラムを効率よく作成，運営，維持していくために開発支援プログラムとよばれる各種のプログラムが用意されている．

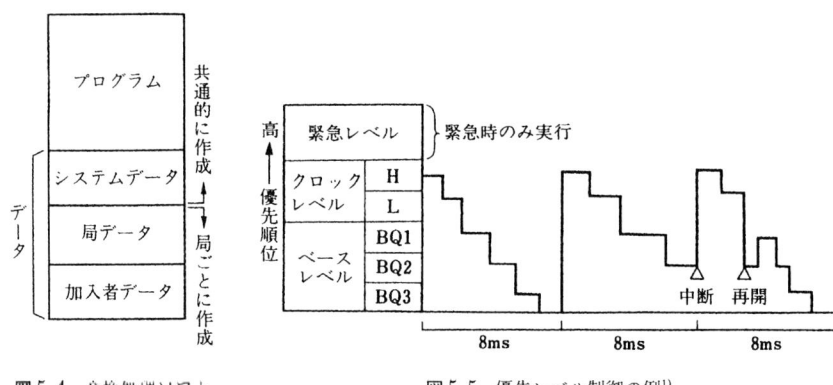

図 5.4　交換処理ソフトウェアの構成[1]

図 5.5　優先レベル制御の例[1]

5.3.2　呼処理プログラム

a.　多重処理と実行管理

前節に述べたように，多数の呼の処理を時分割的に多重処理する必要があり，各呼の情報（発 ID など）を保持しておのおのの分割された処理の間での引継ぎを円滑に進めなくてはならない．多重処理を円滑に進めるために準備される 3 種類の優先順位について以下に説明する．

(1) 緊急レベル制御：　故障などのシステム異常時や保守者割込み時に，実行中のプログラムの情報を一時記憶装置に退避させ，障害処理プログラムを実行制御している．

(2) クロックレベル制御：　信号の入出力処理などのように同期性や正確なタイミングを必要とするプログラムは，プロセッサのクロック信号のタイミングで周期起動され，つぎに示すベースレベルのプログラムに割り

込んで処理を実行する．クロックレベル制御は，さらに H と L の 2 種類の優先レベルに分割されている．

(3) ベースレベル制御：　実時間性の緩かなその他の大部分のプログラムは，処理要求に応じて待ち行列を経由して制御される．待ち行列は優先度に応じて3種類（BQ1，BQ2，BQ3）設けられている．

レベル制御の構造例を図 5.5 に示す．呼処理は，信号の入出力処理やタイミングの処理をクロックレベルで，それ以外の内部処理をベースレベルで制御している．図において，8 ms の周期でクロックレベル（H）の処理が起動され，その処理が終了すると順次優先順位の低い処理が実行されていく．また，図において中断，再開と示しているのは BQ2 レベルの処理を実行中にクロックレベル割込みが発生したために，BQ2 レベルの処理を中断し，まずそれより高順位レベルの処理を実行し，BQ2 レベルにまで順番がまわってきたときにはじめて以前に中断した処理を再開実行する様子を示している．

b. 状態遷移図

図 5.6 に一つの呼の接続制御の時間的流れの例を示す．図にあるように，実際に制御が必要なのは，発呼，ダイヤル信号到着，応答，終話などの状態変化時だけであり，通話中，応答待ち状態では安定状態にある．このことから，呼処理を「安定状態に対する状態変化要因に応じて，つぎの状態への遷移のための処理を行うもの」とみなすことができる．これらの状態間の遷移条件を記述し，呼処理機能を規定するものを**状態遷移図**（STD：state transition diagram）という．図 5.7 に状態遷移図の例を示す．

図の箱は安定状態を表しており，上部に状態番号と状態名を記入している．内

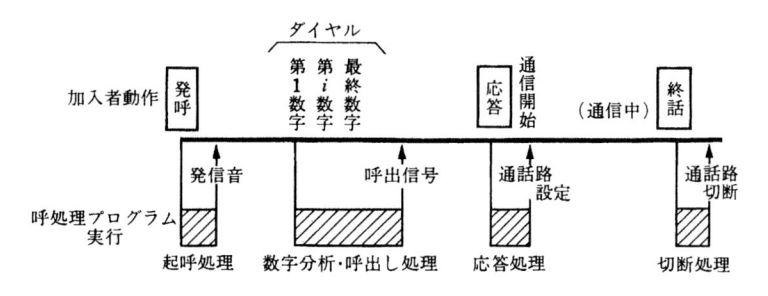

図 5.6　呼の接続過程（自局内接続の場合）[1]

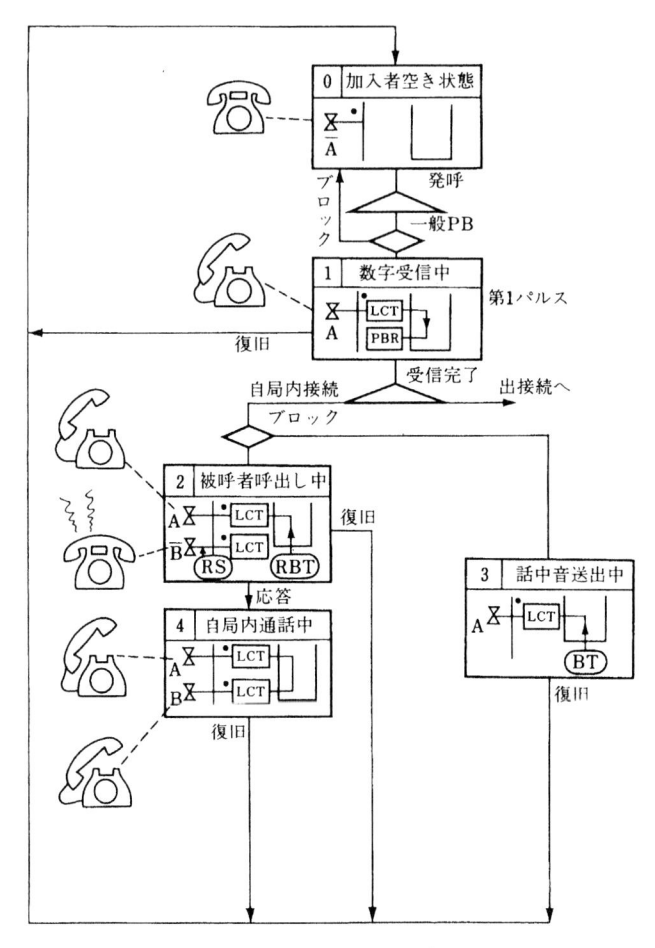

126   5. 蓄積プログラム制御方式

図 5.7 状態遷移図の例[1)]

部には，そのときのスイッチ回路の接続状態を略図で示している．A は発呼端末，B は被呼端末を表し，端末 A の受話器上げを A，受話器下ろしを $\bar{A}$ のように示す．状態変化の検出は周期的に監視点を走査することにより実行する．図中の・印は監視点の位置を示している．たとえば，端末空き状態で加入者線走査によって発呼が検出されると，電話機の種類（回転ダイヤル/押しボタンダイヤル，一般/公衆など）やサービス条件（短縮ダイヤルなど）などの情報を読み出し，これに基づいてつぎの状態を決定する．たとえば，発呼端末が一般押しボタンダ

イヤルとすると，押しボタンダイヤル受信装置への接続処理を行い，数字受信中状態へ遷移する．もし受信装置がブロック（全塞り）状態にあって接続に失敗した場合は，再び空き状態へ戻る．

　状態遷移図は，交換機能を正確に定義するのに便利で，プログラムの流れも表現できる．呼処理プログラムは，この状態遷移の考え方に従って設計され，つぎのような三つの処理に大別される．
(1) 状態変化を監視する入力処理
(2) 入力処理により検出された処理要求に基づき接続形態の決定などを行う内部処理
(3) 通話路系装置などの駆動を行う出力処理

　内部処理には，状態遷移図をはじめから終りまで区切ることなくプログラムにした書下し方式と，状態間の処理を細分化してそれらを組み合わせて処理を行うインタプリティブ方式がある．前者はプログラムが簡単化されるという特徴を有しており，後者はプログラム総量が減少するという特徴を有している．メモリが高価であった時代の電子交換機のプログラムではインタプリティブ方式が採用されていたが，近代的なシステムでは前者の方式が一般的である．

5.3.3　保守運用プログラム

　交換機は長期間にわたり昼夜連続運転し，しかも高い信頼性や安定したサービスを要求される．このため電子交換プログラムでは，故障処理や故障診断の異常に対する機能や保守者による運転管理機能が具備されている．

　図5.8に示すように，故障処理は故障検出，間けつ故障と固定故障の識別，正常系の構成，交換動作の再開，のステップを踏む．

a.　故障検出

　故障の種別によって以下の手段がとられている．
(1) 緊急割込み：　共通制御装置の異常時には割込み回路により，ある固定番地のソフトウェアに強制的にジャンプさせ，そこに格納されている故障処理のプログラムを起動する．
(2) 定期的な点検：　通話路などの異常は，通話路の動作状態を表示する回路を設け，この状態を監視プログラムが定期的にスキャンすることによって検出する．

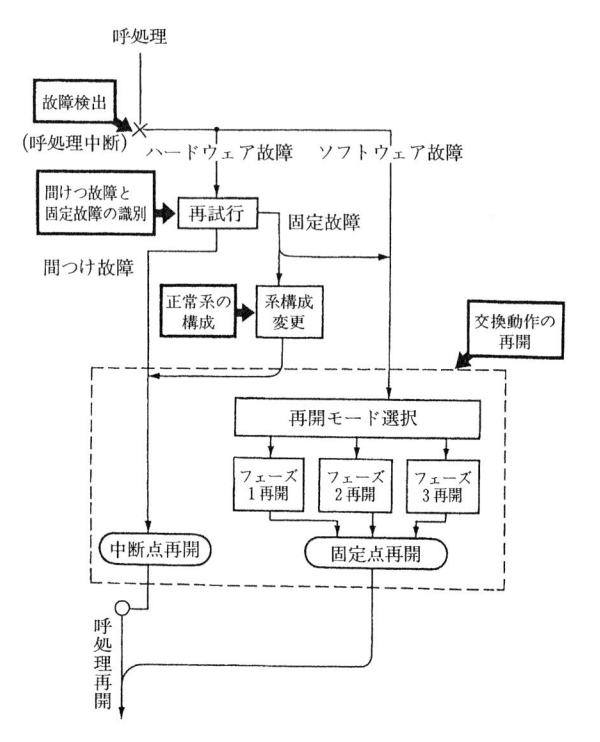

128 　5. 蓄積プログラム制御方式

図5.8 故障処理手順

(3) タイマによる時限: プロセッサ内の故障検出タイマでソフトウェアの動作を監視し，Hレベルの同期起動でリセットを行う．制御システムが暴走した場合やHレベルのプログラムに無限ループがある場合に，このタイマの時限により緊急制御回路が起動され異常を検出する．

(4) 外部監視回路: 交換処理系とは別系統の監視回路を設け，周期的に擬似呼を発生し，その接続状況をチェックすることにより異常を検出する．

(5) プログラム内での異常検出: プログラムバグやデータ設定誤りの検出としては，前述したHレベルの検出以外には，クロックレベル (L) やベースレベルの制御状態を周期的に監視し，プログラムの無限ループを検出したり，0番地アクセスが起こったことを監視することにより，プログラムの論理矛盾やデータ誤りを検出したりする．

b. 間けつ故障と固定故障の識別

ハードウェアの故障のなかには，雑音などによる一時的な故障と修理もしくは取換えを要する故障があり，前者は**間けつ故障**，後者は**固定故障**とよばれている．間けつ故障の場合，影響範囲は狭く，固定故障と同等に扱う必要はない．そこで，故障検出の要因となった指令を再試行し，結果が良好であれば平常処理を続行する．一定時間内のエラー発生回数を計数し，統計的手法に従って，ある規定回数を超過した場合には固定故障とみなして，以下に示す正常系の構成および**再開処理**を行う．

c. 正常系の構成

交換機の主な装置は信頼性のために予備装置を備えている．固定故障の場合には，故障装置の識別を行い，故障装置を切り離し，予備装置を系に組み入れる再構成処理が行われる．故障装置は，故障情報で特定できる場合と特定できない場合があり，前者の場合は，ただちに故障装置を切り離して予備装置と入れ換える．後者の場合は，装置の組合せパターンに従って順次系の再構成を行って，健全な系を抽出する．これを**ローテーション方式**とよんでいる．

d. 交換動作の再開

この処理は故障の発生した時点（中断点）に戻って処理を再開する場合と，特定の初期状態からの再開処理に分けられる．

前者は，通話路系装置や入出力装置の故障，メモリなどの間けつ故障の場合で，系の切換え後や再試行の結果が良好なときに行われる再開処理である．

後者は，プロセッサの固定故障やソフトウェアの暴走などの場合で，内部状態のリセットが必要であり，特定の初期状態から再開する．故障の度合いに応じて初期設定の深度を変えたつぎの3種類のモードを選択して実行する．

(1) フェーズ1再開：　中央処理系ハードウェアの障害またはコールデータ以外のワークデータの一時的な誤りによる処理矛盾からの回復のための再開モードで，バグにより影響を受けたデータと故障発生時に処理を受けていた呼を初期設定して再開する．この再開では系の再構成，外部メモリからのプログラムロードは行わず，通話中の呼と呼出し中の呼は継続される．

(2) フェーズ2再開：　通話路系ハードウェア故障またはコールデータの一時的な誤りによる処理矛盾からの回復のための再開モードで，ハード

ウェアは，中央処理系および通話路系を初期設定し，ワークデータおよびコールデータの初期設定も行う．
(3) フェーズ3再開： フェーズ1再開でもフェーズ2再開でも交換動作を再開できない場合に，ハードウェア，ソフトウェアともに完全な初期状態に戻し，とくに命令部（プログラム），運用データ，局データなどを外部メモリから主メモリに再ロードを行う．このときは，すべての呼が切断される．

e. 故障診断

故障処理プログラムにより検出され，切り離された故障装置の不良箇所を，故障診断プログラムにより診断する．このプログラムは使用頻度が低いので，常時は外部メモリに格納され，保守者のコマンド操作により当該故障装置用診断プログラムを主メモリ上に呼び出す．実行は，呼処理プログラムに影響を与えないようにベースレベルでなされ，故障部品を含むパッケージなどを判別して出力する．保守者は予備パッケージを差し換えて，試験プログラムを走らせ，良好であれば修理を完了しサービスに復帰させる．

故障箇所を限定する原理は，次のとおりである．まず，被疑回路ブロックにテスト入力を与え，その出力が障害のない場合の出力と一致したときは「良」，不一致のときは「不良」とする．テスト入力信号が装置内で通過するルートは，一般に広範囲であるため，各テスト入力信号の通るルートをあらかじめ調べておき，「不良」となったテスト入力の共通ルートを探し，これから「良」となったテスト入力の通過ルートを除いて，被疑範囲を限定していく．そして，被疑回路ブロック内のパッケージの切分けは，診断結果に対する診断辞書の自動検索によって行われる．

f. 運転管理

電子交換機の運転管理の主要項目はつぎのとおりである．
(1) 運転条件の変更制御
(2) トラヒック観測と統計記録
(3) サービス品質の監査
(4) 料金記録徴集
(5) 加入者線・通話路系装置の試験
(6) 加入者の移転処理

(7) 機器増設

　これらの機能のなかの大部分は，呼処理の過程で，主メモリや外部メモリ上に記録されている情報を，運転管理プログラムが参照することによって達成される．運転管理プログラムは，常時は外部メモリに格納されており，保守者からのコマンド入力により，所要のプログラムが主メモリ上に読み出されて対応する機能を実行する．

演習問題

(1) 蓄積プログラム制御の交換制御について説明せよ．
(2) 電子交換機で発呼検出をする仕組みを説明せよ．
(3) マルチプロセッサシステムにおける処理分散とプロセッサ結合方式について述べよ．
(4) 蓄積プログラム制御の交換機において実時間要求の厳しい処理を円滑に実行できる優先レベル制御の仕組みを説明せよ．

6. 電話および ISDN 交換方式

 第5章までで主要なディジタル交換技術について順次述べてきた．本章では，それらの技術がどのように交換システムとして総合的に組み立てられているかを，NTT のネットワークで使用されている交換機を例に取り上げて，下記の項目について説明しよう．
 (1) 電話交換システムの構成と技術．
 (2) 64 kb/s を基本とする N-ISDN のシステム構成と技術．
 (3) マルチメディアネットワークに向けた B-ISDN のための ATM を基本とするシステム構成と技術．

6.1 ディジタル電話交換システム

 電話交換のための交換機は，電話機を直接収容する加入者線交換機と，交換機相互を接続する中継交換機に大別される．加入者線交換機は図1.3に示した交換階梯の GC 階梯に適用され，中継交換機は ZC および SZC に適用される．NTT のネットワークでは，加入者線交換機には D70 形交換機が，中継交換機には D60 形交換機がそれぞれ使用されている．

 電話網におけるディジタル交換機の導入は図1.7に示したように階梯の上位から順に進められてきた．D60 形交換機は 1981 年から使われており，D70 形交換機はディジタル化の進んだ大都市から導入がはじまり，1983 年からサービスを提供している．ここでは，まず D70 形交換機について述べる．

6.1.1　D70 形交換機のシステム構成

 D70 形交換機の方式構成は，図6.1に示すとおりである．この交換機は最大約 10 万加入を収容でき，4800 erl の呼量容量を有する．制御系は現用，予備の二重

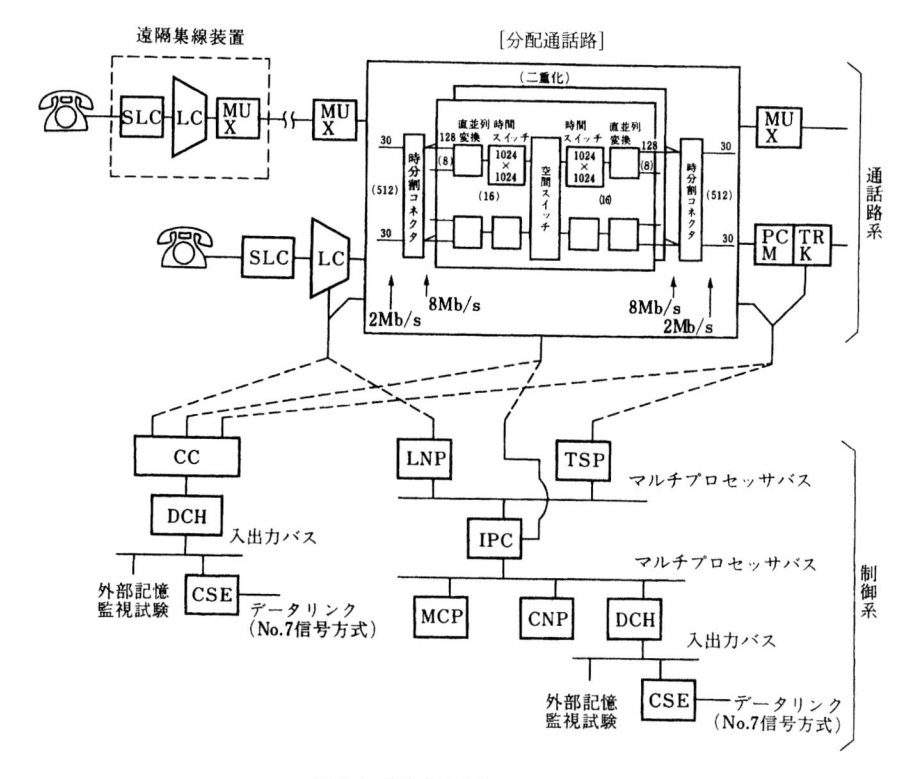

図 6.1 D70 形交換機の方式構成[1]
SLC：加入者回路，LC：集線装置，MUX：同期多重変換，TRK：トランク回路，LNP：ライン信号処理，TSP：トランク信号処理，PCM：PCM 変復調装置，IPC：処理装置間制御，CNP：呼制御処理，MCP：主制御処理，DCH：データチャンネル，CSE：共通線信号装置，CC：中央処理．

化されたデュプレックス形式と機能・負荷分散併用のマルチプロセッサ形式の両者があり，1 時間あたり最大で約 63 万呼の処理能力を有する．

　大都市では 10 万加入といっても一つの交換機からあまり遠くない範囲内にすべての電話機が位置するので，すべての電話機が直接交換機に接続される．電話機を交換機に収容するにはメタリック回線によって接続されるので，図 2.5 に示したように，その伝送損失を 7 dB 以下，距離的には 7 km 以下にしなければならない．このため，小都市や人口の少ない地域では 1 台の D70 形交換機にすべての電話機を直接収容するのが困難になる．この問題を解決するため，小規模の

交換機が使われることもあるが，高度なサービスを柔軟に提供できるように，**遠隔集線装置**（**RLC**：remote line concentrator）が使用されている．遠隔集線装置は，6000加入以下の局に適用され，上位の親局からの制御により交換接続が行われ，通話に必要な回線だけが集線されて親局に接続される．交換機は主要機能ごとのサブシステム分割され，必要な規模に応じてビルディングブロック式に経済的な構成が可能である．

D60形交換機は，ネットワークを効率よく構成するために，交換機の容量は9600 erlとD70形の2倍の容量となっている．

6.1.2 通話路系

ディジタル交換機の通話路は，集線通話路と分配通話路に分けることができる．加入者線交換機では，呼率の低い加入者線を集線して，時分割通話路の高いハイウェイの使用効率と整合をとるために，集線通話路が使用される．3.2節で述べたように，ディジタル交換機では加入者対応に設けられる加入者回路（SLC：subscriber line circuit）において，音声信号を個別にディジタル化しているので時分割集線が可能である．D70形交換機の通話路の構成は図6.1に示すように分配通話路はTST形式となっており，高速LSIを用いた1024多重の時間（T）スイッチと，16×16の空間（S）スイッチとで構成されている．D60形交換機では，Sスイッチに32×32を使用したTST形式の分配通話路だけで構成されている．

わが国のディジタル伝送路は，24タイムスロット（1.544 Mb/s）構成を基本とするが，D70形交換機の通話路系では32タイムスロット（2.048 Mb/s）構成を基本とし（2タイムスロット分を監視，信号用に使用するので，30チャネル多重として使用），**同期多重変換装置**（MUX：multiplex and demultiplex equipment）において，ディジタル伝送路5本を通話路ハイウェイ4本に変換を行う．図6.1においてPCMおよびTRK（trunk circuit）とあるのは，初期の時代にアナログ回線（音声回線，搬送回線）を収容するための変復調装置（PCMコーデック）およびトランク回路である．

D70形ディジタル交換機が，D10形電子交換機と経済的に太刀打ちできるレベルまで経済化できたのは，LSIを積極的に適用できたことにある．図6.2には，中央処理装置も含めて，D70形ディジタル交換機に適用されているLSIの種類

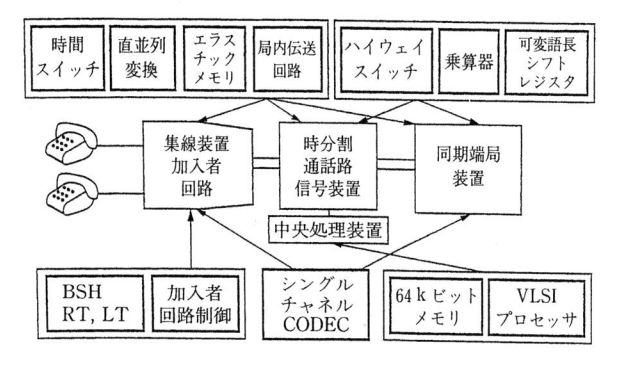

図6.2 ディジタル交換機へのLSIの適用
BSH：通話電流供給・監視・2線4線変換，RT：呼出し信号送出，
LT：加入者線試験引込．

と適用箇所を示している．

6.1.3 制御系

ソフトウェアは七つのサブシステム，72の機能ブロックに分割され，交換用高水準言語 CHILL (CCITT，現 ITU-T で標準化された交換処理用高水準言語) で記述されている．マルチプロセッサ形式の場合，実時間性の高い信号処理は専用のプロセッサ (LNP : line control processor, TSP : trunk signalling processor) に機能分担させる一方，呼処理や通話路制御は局規模に応じた複数個のプロセッサ (CNP : call control processor) で負荷分担を行っている．デュプレックス形式の場合，プロセッサ間通信機能をもつマルチプロセッサ用実行制御を，プログラム間通信機能をもつ実行制御（アクセスメソッド）に置き換えることで，マルチプロセッサ形式と同じソフトウェアで処理可能な構成としている（図6.3）．これにより，小規模での経済性を達成している．

6.2 N-ISDN システム

N-ISDN サービスは，1988年からNTTによって提供されているが，このサービスは図1.7に示したネットワークのディジタル化の最終形態である．サービスを提供するにあたり，電話用に導入された D70 形ディジタル交換機に N-

136   6. 電話および ISDN 交換方式

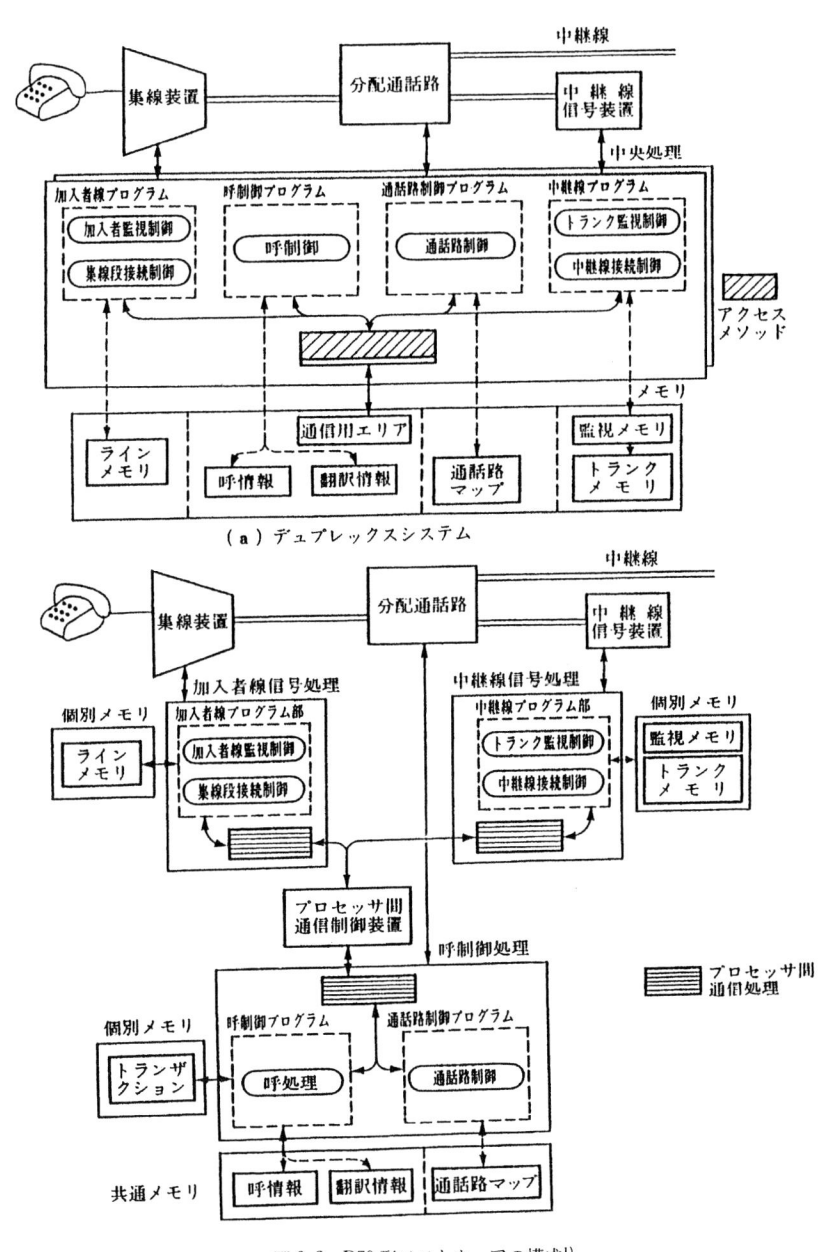

図 6.3 D70 形ソフトウェアの構成[1]

ISDN用の機能を付加することで，N-ISDNサービスの全国展開が容易に可能となった．交換システムの特徴は，電話交換に加えてデータ用の回線交換，パケット交換が総合化され，呼ごとに選択できること，ならびに電話用ネットワークをディジタル化し，データ交換も含めてすべての交換機能をディジタル技術で総合化することである．

加入者系システムは，図1.8にも示したように各種のインタフェースに対して，総合的にサービスを提供するが，中継交換システムは低速系と高速系のように速度差の大きいもの，回線交換とパケット交換のように処理面に差異のあるものは分離して構成される．

ISDNサービスの導入当初は需要も大きくないので，電話用として導入されたD70形ディジタル交換機に機能追加する形でサービスが提供された．その後，ISDNサービスの普及拡大にともないシステムも順次高度化されてきた．

6.2.1 D70形ISDN交換機

ISDN加入者線交換機は，図6.1に示した電話交換用のD70形加入者線交換機に，ディジタル加入者線伝送機能，Iインタフェース信号処理機能，集線機

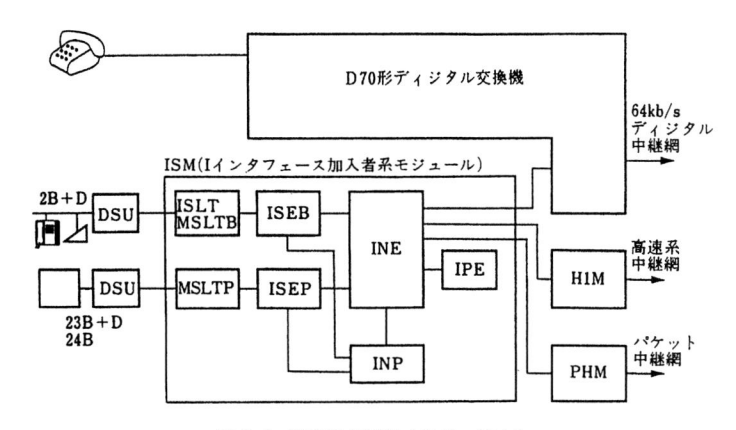

図6.4 D70形ISDN交換機の構成[1]

DSU：ディジタル回線終端装置，ISLT：I形加入者線端局装置，MSLTB：基本インタフェース多重加入者線終端装置，MSLTP：1次群インタフェース多重加入者線終端装置，ISEB：基本インタフェース信号装置，ISEP：1次群インタフェース信号装置，INE：通話路装置，IPE：パケット用信号装置，INP：ISM用処理装置，H1M：高速系交換モジュール，PHM：パケット処理モジュール．

能(回線交換,パケット交換)を具備した ISM (I-interface subscriber module)を付加して構成され,図 6.4 に示す構成となっている.

ISM は 2B+D の基本インタフェースおよび 23B+D などの 1 次群インタフェースを提供する加入者線を混在収容し,B チャネル換算で最大 1920 端子までの加入者を収容でき,960 erl の呼量容量を有する.交換モードとして B, H_0, H_{11} の 3 種類の速度の回線交換ならびに D チャネルおよび B チャネル経由のパケット多重化が行える.制御系は高速の二重化された VLSI プロセッサを用いており,回線交換のみの場合で 1 時間あたり最大で 4.6 万呼の呼処理能力を,パケット交換のみで 1 秒あたり最大で 370 パケットの処理能力を有する.

ISM の通話路装置 INE (I-interface network equipment) は時間 (T) スイッチで構成され,64 kb/s チャネルの集線機能を実現している以外に,384 kb/s,1536 kb/s チャネルの交換が可能である.このような複数の速度の交換(多元速度交換)を容易に実現するため,INE の時間スイッチにはダブルバッファ構成がとられている.加入者端末からの通信情報と信号情報は DSU でディジタル加入者線伝送方式(時分割型方向制御伝送方式)に適する形式に変換され,ディジタル加入者線端局装置 (ISLT) でもとの形式に戻される.回線交換の通信情報は通話路 (INE) で交換され,信号情報は加入者個別に置かれた信号装置

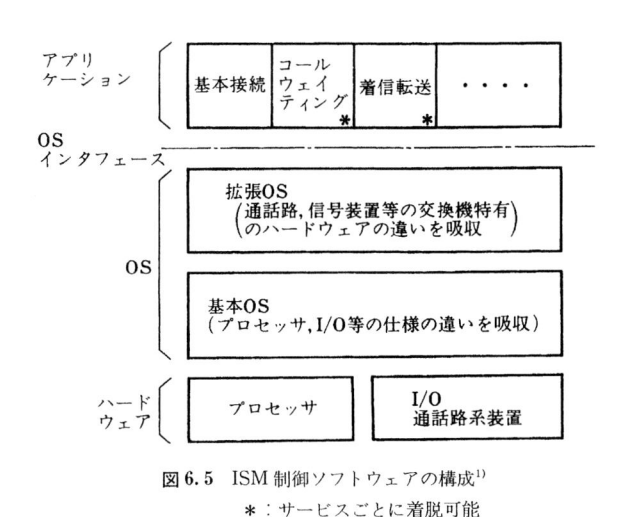

図 6.5 ISM 制御ソフトウェアの構成[1]
＊：サービスごとに着脱可能

(ISEB および ISEP) で処理される．また，加入者ごとのパケット交換の情報は，制御系のプロセッサ (INP) で多重化され，パケット処理装置 PHM (packet handler module) に送られる．

制御系には二重化構成の高速 VLSI プロセッサが用いられている．ソフトウェアは CHILL で記述され，その構成は図 6.5 のとおりである．基本 OS と拡張 OS から構成することにより，ソフトウェアの部品化がはかられ，これらの組合せにより新機能実現が容易になっているとともに，信号種別対応機能をそれぞれ独立して発展させられるように，集線・分配・中継機能を独立に制御する**ステージ分割制御方式**が採用されている．

電話交換の場合には小規模地域に対して遠隔集線装置が用いられたが，ISDN になると信号機能や処理機能が高度になり，小規模な装置ごとにこれらの処理を単独に行わせることはシステム構成上不利となるので，電話機および ISDN 端末を混合して収容できる**遠隔収容装置** (RT : remote terminal equipment) を導入して，すべての端末からの情報を多重化し，光ファイバケーブルを介して親局まで接続し，処理機能的にはあたかも親局に直接収容されているかのように扱う方式が主流になっている．遠隔多重伝送装置には収容区域の大きさに対応できるように，3 種類の規模の装置が用意されている．表 6.1 に RT の仕様を示す．

表 6.1 遠隔収容装置 (RT) の仕様

	大容量 CT/RT	中容量 CT/RT (32M タイプ)	小容量 CT/RT (6M タイプ)
収容サービスおよび 最大収容回線数	アナログ電話：1920 加入 INS ネット 64：128 加入	アナログ電話：448 加入 INS ネット 64：96 加入	アナログ電話：32 加入 INS ネット 64：8 加入
伝送速度 [Mb/s]	156	32	6
RT 設置形態	局，BOX	局，BOX，ユーザビル	ユーザビル，屋外設置

6.2.2 改良 D70 形 ISDN 交換機

1990 年代になり N-ISDN の普及にともなう需要の増加，新電話サービスにおけるトラヒックの増加などにより，電話を主体としたシステム構成では不都合な点が目立つようになり，LSI 技術の進歩を取り入れて，時間スイッチに 4096 多重とこれまでの 4 倍の容量のものを導入するなど，回線収容容量の拡大とシステムの経済化・小形化を狙った改良が行われ，1993 年後半から導入されている．

140   6. 電話および ISDN 交換方式

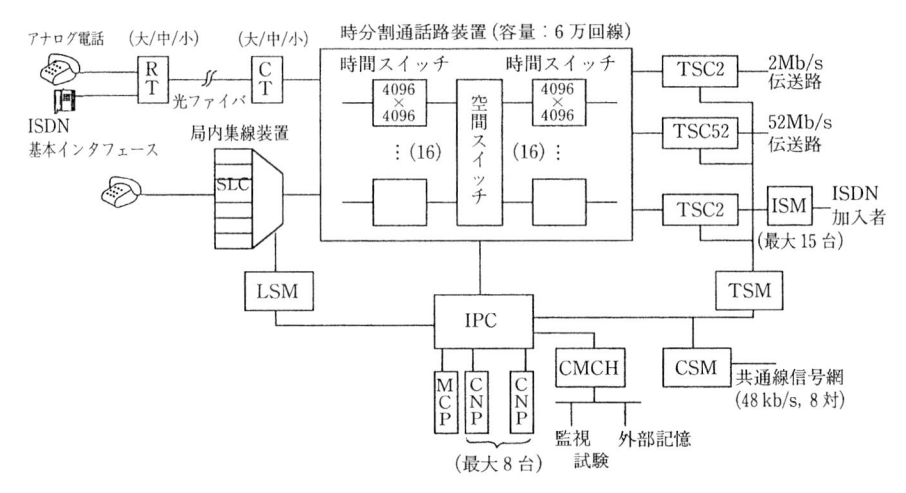

図 6.6 改良 D70 形 ISDN 交換機の構成
RT：遠隔多重伝送装置，CT：遠隔多重伝送用局側装置，SLC：加入者回路，TSC2：中継線信号 02 接続装置，TSC52：中継線信号 52 接続装置，ISM：I インタフェース加入者系モジュール，LSM：加入者線信号処理モジュール，TSM：中継線信号処理モジュール，IPC：処理装置間制御装置，MCP：主制御処理装置，CNP：呼制御処理装置，CMCH：データチャネル装置，CSM：共通者線信号処理モジュール．

　システムの構成は，図 6.6 に示すように，モジュール的には大幅な変更はないが，各モジュールの高性能化が行われている．大きな改良点は，表 6.2 に示すとおりである．

表 6.2 改良 D70 形交換機の特徴

項目	改良 D70 形	現行 D70 形
通話路容量 中継回線数	約 6 万回線 最大約 1.5 万回線	約 1.5 万回線 最大約 0.76 万回線
呼制御プロセッサ台数 (MCP 含む)	最大 8 台	最大 6 台
共通線信号リンク数 (48 kb/s)	8 対 (16 リンク)	2 対 (4 リンク)
ISM 収容数	最大 15 モジュール	最大 7 モジュール
加入者系 システム	大容量 CT-RT，中容量 CT-RT，小容量 CT-RT	同左
伝送路インタフェース	2 M メタリック，52 M 光	2 M メタリック

6.3 B-ISDNシステム

前節で述べたN-ISDNシステムは，ディジタル音声用の64 kb/sを基本とするもので，高速ファイル転送やテレビ映像などの超高速情報（100 Mb/s以上）を伝送するには適さない．そこで，より広帯域（broadband）化したB-ISDNの研究開発が進められた．B-ISDNシステムの中核となるのは，回線交換とパケット交換の中間的な方式である非同期転送モード（ATM）である．

ATMの特徴は，4.6節に述べたように，53バイトの固定長セルに情報を分割して伝送し，情報速度に応じて必要数のセルを発生し，非同期方式で多重伝送することにある．そして，網内では誤り制御やフロー制御などは行わず，情報転送機能を極力ハードウェア化して処理の簡単化と高速化をはかっている．

ATM技術を適用したシステムとしては，1995年からNTTがセルリレーサービスを提供する際に導入されたのがはじめてである．現在では，NS8000シリーズというシステムが主流を占めている．このシステムはマルチメディア時代の基盤構築の核ともなるので，MHN（multimedia handling node）ともよばれている．以下にこのシステムの概要を述べる．

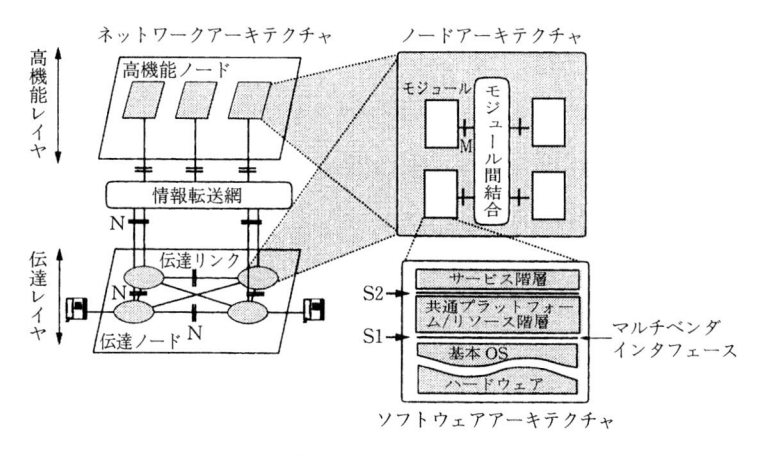

図6.7 ネットワーク／ノード／ソフトウェアアーキテクチャ[44]

6.3.1 MHN システムの概要

　MHN は，既存ネットワークの経済化・高度化に効率よく対応できるとともに，新しいマルチメディアネットワークの基盤構築にも対応でき，これらを極力技術面で総合化し，個々のシステム開発を行うことのないように考えられた．

　このため，ノードシステムの開発にあたり，ネットワーク／ノード／ソフトウェアに対して，図 6.7 に示すような新しいアーキテクチャを導入し，共通プラットフォーム上で必要なブロックを組み上げることにより，所望のノードシステムを構築できるようになっている．

a. ネットワークアーキテクチャ

　ネットワークの機能は，高速処理を必要とするが高度な処理はそれほど必要としない伝達機能（交換機能，伝送機能）と，高度な処理を必要とするサービス制御機能，ネットワーク管理機能などとに大きく 2 階層化できる．前者と後者は，機能追加の頻度，機能を実現する技術の発展のスピードなどが大きく異なる．これらの機能階層の相互独立性を高めることによって，一方の階層に属する機能の変更がほかの階層に属する機能追加と独立に実現でき，おのおのの階層が独立に発展することが可能になる．前者の階層を**伝達レイヤ**，後者の階層を**高機能レイヤ**とよび，両レイヤ間の制御情報転送は高速・高信頼な情報転送網を経由して行うネットワークアーキテクチャがとられている．

b. ノードシステムアーキテクチャ

　ノードシステムは，多様なサービスやトラヒック量の変動などに柔軟に対応すること，最新技術を取り込むことが容易であることなどが求められる．このために，ノードの機能を整理・体系化した機能集合体であるモジュールをノードの機能単位とし，これらモジュールをトラヒック量・ユーザの数に応じてビルディングブロック的に組み合わせるノードシステムアーキテクチャがとられている．

c. ソフトウェアアーキテクチャ

　交換機の経済化ならびに処理能力向上のためには，複数のベンダからハードウェアの供給を受ける（マルチベンダ環境）にあたり，ベンダの創意工夫による最良のハードウェア技術を選択できることが望ましい．しかし，これまでのシステムでは，ベンダごとにオペレーションシステムとアプリケーションが異なっていたので，一つの目的を実現するために複数のファイルを開発し，維持・管理する必要があった．

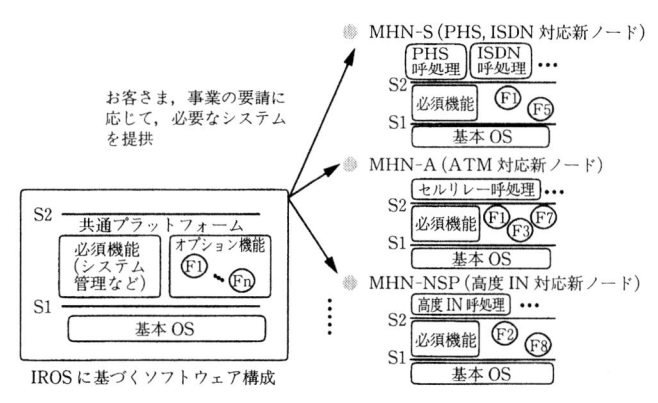

図 6.8 IROS に基づく共通プラットフォーム[44]
MHN-S : multimedia handling node-STM, MHN-A : multimedia handling node-ATM, MHN-NSP : multimedia handling node-NSP.

　サービス開発の即応性・効率化を目指したソフトウェア生産性の向上のために，これまではソフトウェアを部品化して，これを各種のアプリケーションで共用する方法がとられてきた．しかし，これまでのシステムでは，制御するハードウェアのちがいなどによりシステムごとにソフトウェア構造が異なってくるので，ソフトウェアの部品化の効果が限定されており，さらなる生産性の向上が課題となっていた．

　これらの問題を解決するために，各システムの統一ソフトウェアアーキテクチャとして，**IROS** (interface for realtime operating system) に基づく階層化ソフトウェア構造が採用されるようになっている．IROS は，実時間性ならびに高信頼性が要求されるシステムの標準 OS インタフェースであり，OS インタフェースとして，S1 インタフェースと S2 インタフェースが規定される．

　S1 インタフェースは，ベンダ間のハードウェアの差を隠ぺいする標準インタフェースである．これにより，S1 インタフェースより上位のソフトウェアは，マルチベンダ環境においても，ベンダごとに複数ではなく，一つとすることが可能となった．そして，S1 インタフェースを提供する OS を**基本 OS** とよぶ．

　S1 インタフェースと S2 インタフェースとの間には，各種サービスを提供する場合の共通な基盤となる共通プラットフォームならびにリソース階層を設け，S2 インタフェースより上のサービス階層には，N-ISDN, ATM, 高度 IN (8.1

144   6. 電話および ISDN 交換方式

節参照), PHS (8.2 節参照), などのサービスを実現するために必要なアプリケーションが配置される (図 6.8 参照).

6.3.2 MHN のモジュール構成

MHN のモジュールは, 電話・ISDN 系ネットワークの経済化・高度化において活用されるシステム, ならびに高速データ系ネットワークの経済化・高度化やマルチメディアネットワークの基盤構築において活用されるシステムに分類できる. また, ネットワークの運用を効率よく進めるための設備対応オペレーションシステムも準備されている. モジュール群の一覧を表 6.3 に示す.

電話・ISDN 系ネットワークでは, N-ISDN サービスと PHS サービスの本格的普及にともない, システムの大容量化と経済化が重要となってきた. これに対処するモジュールとして, 回線交換のために MHN-S (MHN-STM) が, パケット交換のために MHN-P (MHN-packet) が準備されている. さらに, 加入者収容対応設備の小形化・経済化を狙って, SBM (subscriber module) と RSBM (remote subscriber module) が用意されている. また, 高度 IN サービスに備えて, MHN-NSP (MHN-network service control point) および SMS (service management system) が準備されている.

高速データ系ネットワークのためのモジュールとしては, ATM 用のノードとしての MHN-A (MHN-ATM) およびフレームリレー伝達機能の高度化・経済化を実現する MHN-F (MHN-frame relay) が用意されている.

これらのモジュール群のうち, ここでは MHN-S および MHN-A について述

表 6.3　MHN のモジュール群

	モジュール	名　称
ネットワークの 経済化・高度化	MHN-S MHN-P MHN-NSP SMS RSBM	STM ノード パケットノード 高度 IN サービス制御ノード 高度 IN サービス管理システム 遠隔加入者収容モジュール
マルチメディアネット ワークの基盤構築	MHN-A MHN-F	ATM ノード フレームリレーノード
オペレーションの 高度化	MHN-S-OpS INSUT	MHN-S 対応設備オペレーションシステム 高度 IN サービスオペレーションシステム

6.3 B-ISDN システム　145

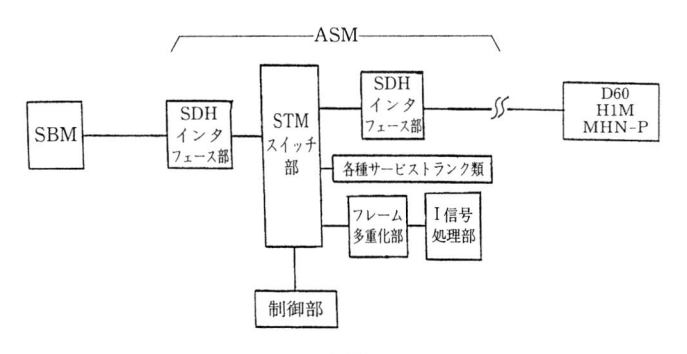

図 6.9 ASM の構成

べることとし，ほかのモジュールについては第 7 章および第 8 章で述べる．

a. 回線交換用モジュール (MHN-S)

MHN-S は，回線処理モジュール (ASM : architectural STM module) と加入者収容モジュール (SBM : subscriber module) とから構成され，ASM は主に交換接続機能を，SBM は主に加入者収容および集線機能を有している．SBM としては，ASM と同一ビルに設置される SBM-C (ISDN 加入者を最大 3840 加入収容)，異なるビルに設置される SBM-S (規模は SBM-C とほぼ同じ)，さらに加入者対応部のみを遠隔のビル (NTT ビル) に張り出す形式の RSBM-S (ISDN 加入者を 512 加入収容)，住宅エリアのき線点の屋外に設置される RSBM-F (アナログ電話と ISDN 加入者を混在して 512 加入収容)，ビジネスエリアでユーザビル内に設置される RSBM-U (アナログ電話と ISDN 加入者を混在して 128 加入収容) と種々の用途に対応できるように各種用意されている．このシステムは，SBM を広域エリアに分散配置して，156 Mb/s の光ファイバ伝送路によって ASM と直結し，トラヒックを ASM に集約して交換できるマルチロケーションタイプの交換ノードとして機能できる構成となっている．

ASM は，図 6.9 に示すように，STM スイッチ部，SDH (synchronous digital hierarchy) インタフェース部，フレーム多重化部，I 信号処理部，サービストランク部および制御部から構成される．

(1) STM スイッチ部は，16 k 多重時間スイッチ LSI を用いた T1 段ノンブロック通話路で，64 kb/s チャネル換算で 8 万×8 万の規模をもっている．

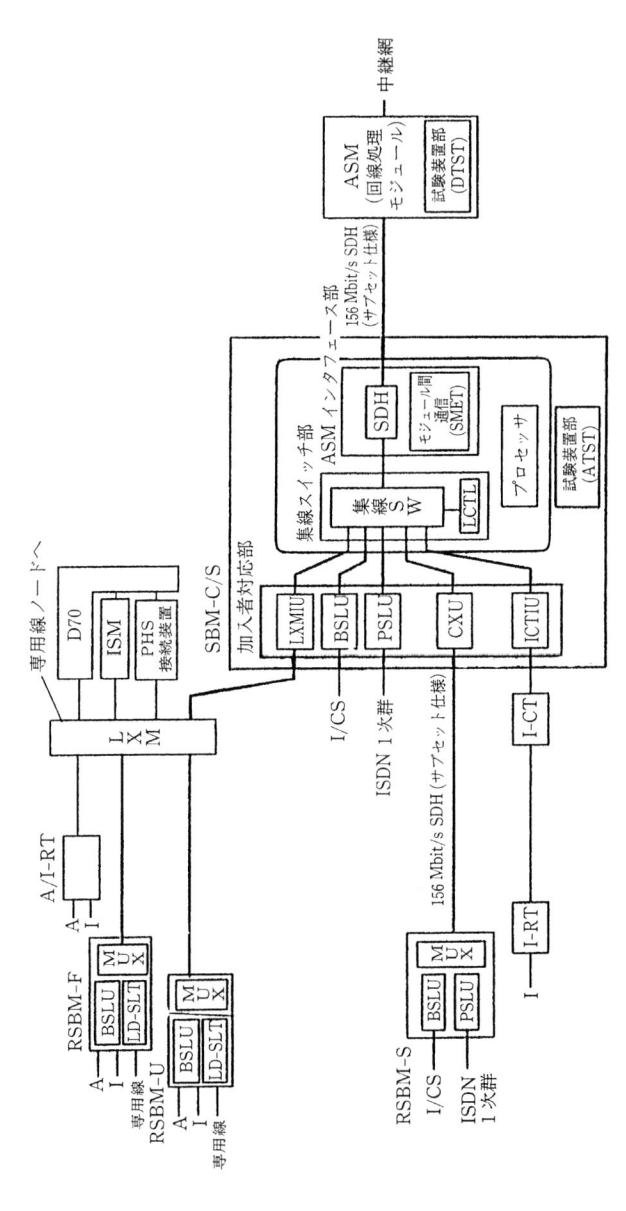

146   6. 電話およびISDN交換方式

図 6.10 加入者収容モジュールの構成

SBM-C/S：加入者収容モジュール（ASM設置ビル用），RSBM-S：遠隔加入者収容モジュール（ASM非設置ビル用），RSBM-F：屋外設置形遠隔加入者収容モジュール，RSBM-U：お客さまビル設置形遠隔加入者収容モジュール，A/I-RT：アナログ/ISDN加入者収容遠隔装置，I-RT/CT：ISDN加入者収容遠隔装置/局内装置，SDH：同期ディジタルハイアラーキ，CS：PHS基地局．

(2) SDH インタフェース部は，SDH 標準インタフェースにより，156 Mb/s および 52 Mb/s の光ファイバ伝送路を収容できる．
(3) フレーム多重化部は，16 kb/s および n×64 kb/s のマルチフレームのフレーム多重，分離，振分けの機能を，専用の LSI により実現しており，D チャネルの信号，パケットの多重，振分け機能をソフトウェアの処理を介在しないで実現している．
(4) I 信号処理部は，D70 形交換機の ISM では回線対応に行っていた I 信号処理を，高多重 LAPD 処理 LSI を用いて，8000 加入，8000 リンクの処理を 1 枚のパッケージで実現している．

上述の SBM のシリーズは，図 6.10 に示すような構成となっており，SBM-

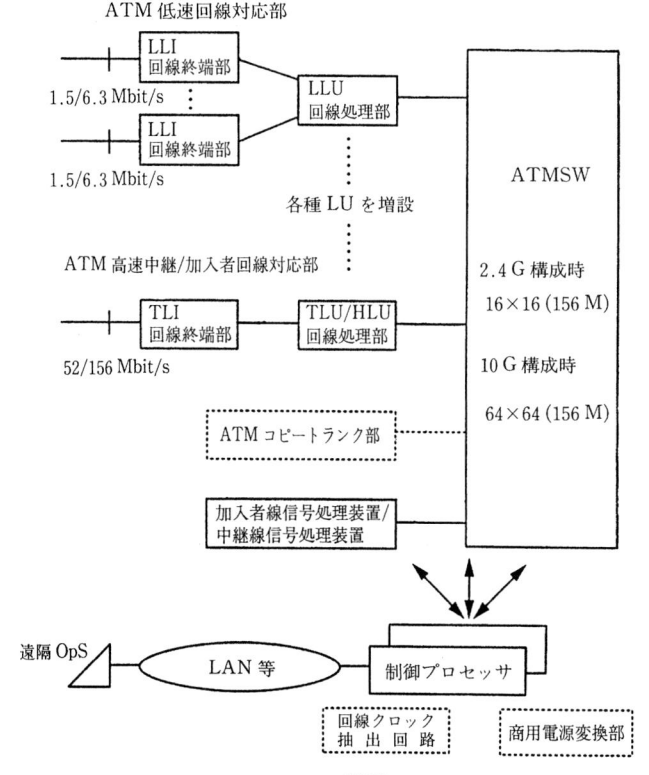

図 6.11　MHN-A の構成（⁝⁝⁝ オプション化対応部）

C/Sは，SDHインタフェース，呼制御信号のメッセージ化などの標準的なインタフェースを介してASMと接続される．RSBM-S, F, Uは，各モジュールに対応するインタフェース収容ユニットにより，SBMに接続される．各モジュールでは，基本インタフェースのISDN加入者はBSLU (basic interface subscriber unit) に，1次群インタフェースのISDN加入者はPSLU (primary group interface subscriber unit) に，それぞれ収容される．

集線スイッチ部は，加入者インタフェースのレイヤ1の終端を行う集線制御部 (LCTL : line concentrator controller) および集線スイッチ（上り・下り各16k多重時間スイッチLSIによるT1段）により構成される．なお，アナログ加入者の発呼検出などの制御情報はLCTLで終端される．

b. ATM用のモジュール (MHN-A)

MHN-Aは，ATM技術によりセルフルーチングを行うATMスイッチ (ATMSW : ATM switch) を中核として，ビルディングブロック構成で，任意の回線対応部を追加変更し，各種サービスを実現できる統合アーキテクチャをとっている．全体の構成は図6.11に示すとおりで，回線対応部にはATM低速回線用（1.5および6.3 Mb/s）とATM高速回線用（52および156 Mb/s）があ

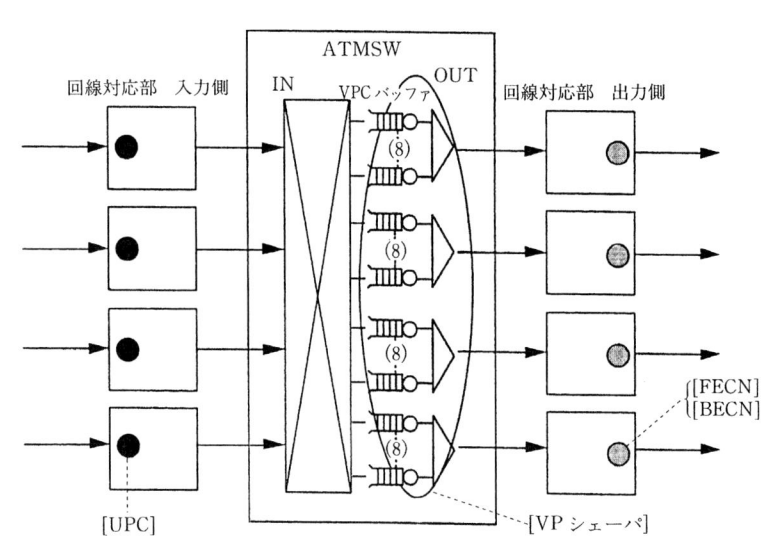

図6.12　MHN-Aにおけるトラヒック制御機能の配備

り，ATMSW は規模の異なる2種類がシリーズ化されており，局規模に応じて選択が可能である．ATMSW は，図 3.20 に示した共通バッファ形で構成されており，完全群一面スイッチとして機能し，小形経済化を目的としたスイッチング容量 2.4 Gb/s で 156 Mb/s 回線換算で 16 回線を収容できる 16×16 スイッチおよび大容量の 10 Gb/s 容量で 156 Mb/s 回線換算で 64 回線収容できる 64×64 スイッチが用意されている．

MHN-A には，図 6.12 に示すようなトラヒック制御機能が配備されている．

i. ユーセージパラメータ制御（UPC：usage parameter control）　交換機あるいは網内での輻輳が発生しないように，回線対応部の入力側に設けられている機能で，各入力トラヒックが呼設定時に割り当てられた帯域を超えないように，ピーク帯域，平均帯域を監視していて，割り当てられた帯域を超えて送られてくる違反セルを廃棄処理する機能である．

ii. VPシェーパ機能　ATMSW の 156 Mb/s 出回線において VP（virtual path）が使用する帯域を制御することにより，局間の回線などで VP の占有帯域を守り，伝送路上でのセル転送品質を保証する機能である．図に示すように，出回線ごとに VP 用バッファ（おのおの 128 セルの蓄積容量をもつ）を最大 8 個設定可能であり，各 VP 用バッファから回線へのセル読出し順位をソフトウェアで設定する．これにより 156 Mb/s 回線ごとに最大 8 VP の帯域制御（シェーピング）を行うことが可能となっている．

iii. 優先制御機能　VP 輻輳時に，あらかじめ設定されたチャネルの優先/非優先情報により，優先チャネルとして設定されたチャネルのセル転送品質を保証する機能である．ATMSW 内の各 VP 用バッファごとに設定されるしきい値と，セルごとに付与された優先クラス表示に基づいて，非優先クラスのセルを選択的に廃棄することにより，優先/非優先の 2 クラスに独立したセル転送品質を保証する品質制御を実現している（図 4.43 参照）．

iv. 呼受付け制御機能（CAC：call admission control）　ATM サービスにおいて，通信のバースト性を利用し統計多重効果による回線の使用率向上とそれによる安価なサービスの提供を目的とした帯域共用サービスがある．このサービスの呼受付け判定制御は，新たに接続要求された VC（virtual channel）の申告帯域の値と実時間の VP のセル流量観測値から，要求の VC を接続した場合のセル転送品質予測値をリアルタイムに算出する機能であり，ハードウェアにより実

現している．予測値がサービスのセル転送品質を保証できる場合に呼受付けを行う．

v. 前方輻輳通知機能 (FECN：forward explicit congestion notification)
VP単位の輻輳時に，ソフトウェア設定により着信端末側に輻輳を通知する機能で，ATMSW内に設けられている．さらにVC輻輳時に着信端末側に輻輳を通知する機能が回線対応部の出力側に設けられている．

vi. 後方輻輳通知機能 (BECN：backward explicit congestion notification)
VC輻輳時に発信端末側に輻輳を通知する機能で，回線対応部の出力側に設けられている．

演 習 問 題

(1) ディジタル電話交換機に使用される代表的なLSIにはどんなものがあるか．
(2) ディジタル電話交換機とISDN交換機の相違点について述べよ．
(3) ISDN交換機において，加入者数の少ない地域に効率よくサービスを提供できる技術について述べよ．
(4) ATM交換機の規模はどのように表現されるか．
(5) ATM交換機に備えられるトラヒック制御機能にはどんなものがあるか．簡単に説明せよ．

7. データ交換方式

　前章までに電話を基本として発展してきた交換技術について，システム化技術も含めて述べてきた．本章では，コンピュータネットワークとしての各種システム技術の理解を深めるために，下記の項目について説明する．
(1) データ交換を行う場合に，回線交換モードで交換するシステムに関する技術．
(2) データ交換を，パケットの形で行うパケット交換システムの技術．
(3) インターネットにおけるデータ交換のためのシステム技術で，とくに商用インターネットの仕組み．

7.1 ディジタルデータ回線交換方式

　わが国では，1979年にデータ通信用のディジタル統合網としてDDX (digital data exchange) サービスが開始された．1.3節で述べたように，データ交換には回線交換とパケット交換の2種類がある．回線交換は電話と同様に呼の開始から終了まで専用の通信路を占有し，その間課金されるので，回線を高能率で使用できる場合に適する．一方，パケット交換は情報をパケット（小包）に区切り，宛先をつけて対地に送達するため伝送路を多重利用して使用能率を高めることができ，パケット単位の課金が行われるので使用頻度の低い用途に対しても経済的である．

　回線交換によるデータ通信ネットワークは，ディジタル伝送と時分割型交換技術によりディジタル統合を実現したものであり，電話ネットワークがアナログネットワークである時期にディジタルデータに特化したネットワークを構築でき，接続時間の短縮と伝送品質および信頼性の向上をはかることができた．

　図7.1にDDX回線交換網の原理を示す．この網では，50 b/sから48 kb/sま

152　7. データ交換方式

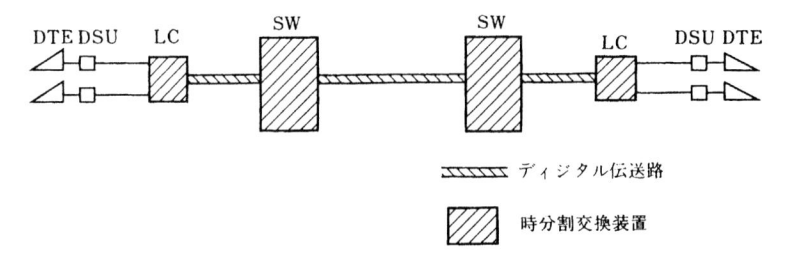

図 7.1 DDX 回線交換網の構成[1]
DTE：データ端末，DSU：回線終端装置，LC：多重変換装置，SW：ディジタル交換機．

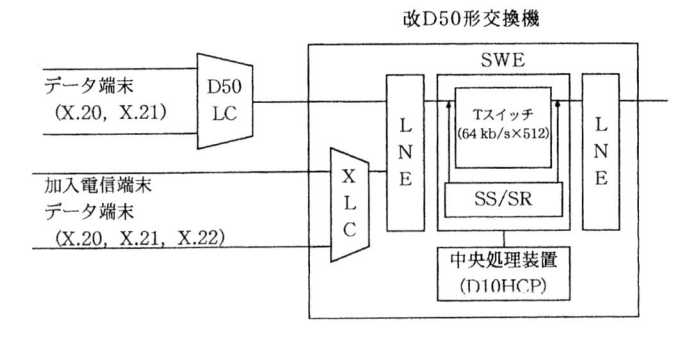

図 7.2 改 D50 形交換機の構成[1]
D50LC：D50 形集線多重化装置，XLC：多目的集線多重化装置，
LNE：回線収容装置，SWE：通話路装置，SS/SR：信号送受信部．

で 8 種類の速度のデータ端末 (DTE) を収容できる．DTE からの信号は宅内の回線終端装置 (DSU) により，表 4.2 に示したように端末の速度に対応して 3.2 kb/s, 6.4 kb/s, 12.8 kb/s, 64 kb/s の 4 種類のベアラレートのいずれかの速度のディジタル信号に変換され，加入者線を通して多重変換装置 (LC：line concentrater) で時分割多重化され，ディジタル伝送路と交換機からなる統合網に送られる．具体的には，NTT のデータ交換機として，改 D50 形交換機が使用されている．この交換機は，DDX 回線交換用の加入者線交換機として 1979 年に NTT により開発された D50 形交換機の改良形であり，1985 年に導入されている．システム構成は図 7.2 のとおりで，最大約 3000 台のデータ端末を収容でき，加入電信 (TEX：telex) 端末も収容可能である．制御系には D10 形高速プロ

セッサが用いられており，1時間あたり12万呼の処理能力を有する．

通話路系はT1段の構成で，64 kb/s換算で512多重を実現しており，ほとんど非閉塞で使用できる．加入者線伝送区間では，上述のように4種類のベアラレートのうちのいずれかの速度で4線式伝送方式によりデータは転送されるので，集線段において各ベアラレートごとに64 kb/sへ多重化して通話路へ接続される．このように，多種類の速度を有するデータを一つの交換機で処理することを多元速度交換とよぶ．

7.2 パケット交換システム

7.2.1 基本機能

パケット交換システムの基本的な動作は，回線からビットシリアルに到着するパケットデータをバイト単位に組み上げてメモリに格納したのち（入力処理），宛先情報であるパケットヘッダを解読して，目的の回線に送出する（出力処理）ことである．初期のパケット交換機は一つのプロセッサで入力処理および出力処理すべてを行う集中形システムであった．しかし，集中形システムではプロセッサ命令速度とメモリでのアクセス競合によってパケット処理能力を大きくできない欠点がある．パケット処理を考えた場合，回線ごとに処理が独立であることから，プロセッサを複数台用意して並列動作させるマルチプロセッサ方式により効率よく処理能力を大きくすることができる．

マルチプロセッサ方式として，プロセッサ間を通信チャネルで結合する疎結合形と共有メモリで結合する密結合形がある．パケット交換では回線交換方式と異なり，回線からのデータをすべてメモリに蓄積する必要があるため，大容量の交換機を実現する場合はメモリでのアクセス競合の少ない疎結合形マルチプロセッサ方式が適している．また，パケット処理は，ITU-T勧告X.25のレイヤ1〜3で規定されており，このうちレイヤ1（電気・物理条件）およびレイヤ2（HDLC伝送制御手順）は比較的処理が単純であり，機能の変更も少ないため，この機能のLSI化が行われている．したがって，プロセッサではX.25のレイヤ3の処理を主に行うことになり，処理負荷が軽減できる．

NTTで提供されているパケット交換網は，1980年に最初に導入されたD50形パケット交換機を改良し，D51形パケット交換機が広く導入されている．

7.2.2 D51形交換機

　D51形パケット交換機は，200端子から10000端子までの幅広い領域に適用可能なマルチプロセッサ形のパケット交換機である．交換機は，図7.3に示すように最大62台のパケット処理装置（PPU：packet processing unit）と二重化された保守運転装置（AMU：administration and maintenance unit）を交換リンクを介して接続して，構成されている．この構成は，共通メモリをもたない疎結合形マルチプロセッサ方式となっている．各PPUはビルディングブロックのように増設でき，PPU数に比例した交換機処理能力を得ることが可能であり，最大規模構成において約1万パケット/秒の処理能力を実現できる．

　交換リンク制御部は，各PPUに対し，交換リンクへのデータの転送を許可する信号を順番に与え，転送を許可されたPPUのみがPPU間転送を行うことができる．各PPUは，2.4～48kb/sまでのX.25回線を最大252回線収容し，X.25のレイヤ1～3の処理を行う．レイヤ2の処理（HDLC手順）は，回線対応に設置したX.25制御LSIに処理させ，プロセッサの負荷を軽減する機能分散方式を採用している．

　PPU相互間の通信は，特定のPPUへの瞬間的なトラヒック集中に対しても十分処理可能な高速の交換リンクインタフェース回路（LIFU：switching link

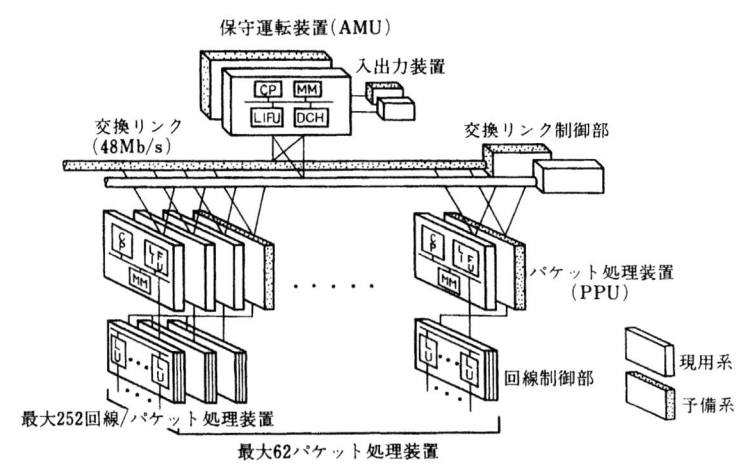

図7.3　D51形パケット交換機の構成[1]
CP：プロセッサ，MM：主メモリ，LIFU：交換リンクインタフェース回路，
DCH：データチャネル，LU：ライン回路．

interface unit)を設けている．また，PPUは3装置に対して1装置の予備装置を設けるN+1重化方式を採用し，信頼度を確保しつつ装置の経済化もはかっている．

交換機の保守運用処理は全体の処理量の数％以下であり，このような低使用率のプログラムを各PPUにもたせるとメモリの使用効率が下がる．したがって，保守運転制御，システム管理，障害処理などの保守運用機能を専用の保守運転装置（AMU）に集約している．

7.2.3 代表的な接続動作

回線からのパケットデータは，図4.23に示したように，フラグシーケンス（F）に包まれて，ビットシリアルに交換機へ入力される．図7.4に示すように，このシリアルデータはX.25制御LSIでキャラクタに組み上げられ，ダイレクトメモリアクセス（DMA：direct memory access）方式により直接主メモリに格納される．X.25制御LSIでは，X.25のレイヤ2のプロトコル処理が行われ，パケットごとの誤り制御が行われる．すなわち，パケットデータに誤りがある場合，X.25のレイヤ2プロトコルにより自律的にパケットの再送制御が働き，主メモリには誤りのないパケットが受信される．それぞれのパケットは宛先を示す番号，パケットの順番を示す番号などがヘッダとして付与されており，プロセッ

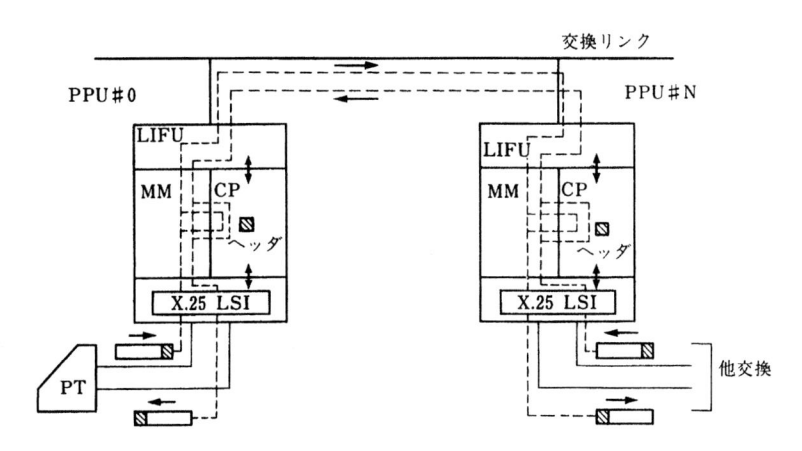

図7.4 D51形交換機の動作[1]
PT：パケット端末，CP：プロセッサ，LIFU：交換リンクインタフェース回路，MM：主メモリ．

サは主メモリに受信したパケットのヘッダを解析し，送出先やパケット種別を判定する．

送出先が他 PPU に収容されている局間回線や端末の場合は，交換リンクを経由して該当する PPU の主メモリへ転送する．送信側 PPU から送出されたパケットは，その制御情報によって網内を転送され，相手端末の収容されているパケット交換機の PPU へ転送される．パケット網内が輻輳している場合は，各中継交換機で輻輳のない交換機へ迂回され，着信側の PPU へ到着する．

パケットの迂回や再送訂正によりパケットの到着順序が逆転する場合があるため，着信側の PPU は各パケットのヘッダに付与されている順序番号に従ってパケットを並べ替え（順序制御），着信側端末に対して順序のそろったパケットを転送する．

7.2.4 MHN パケット交換モジュール (MHN-P)

6.3 節で述べたように，マルチメディア時代の基盤構築の核ともなるシステムとして，NTT のネットワークでは 1990 年代後半から NS 8000 シリーズというシステムの導入が進められている．このシステムは，MHN (multimedia handling node) ともよばれており，各種サービスに対応できるモジュールが用意されており，パケット交換のためには MHN-P (MHN-packet) が準備されている．

本節では，MHN-P の構成概要について述べる．MHN-P の構成は図 7.5 に示すように，パケット処理用プロセッサ（プロトコル処理部，PPB：packet processing block）と呼制御/保守運用処理用プロセッサ（制御プロセッサ）を ATMSW（図 6.12 参照）により接続したサービス/プロトコル処理分離形疎結合マルチプロセッサ方式が採用されている．プロセッサ結合機構として，D51 形交換機では交換リンク（図 7.3 参照）が使用されていたが，これを ATMSW を介する方式とし，プロセッサ間通信に AAL5＋LAPF 手順（フレームリレー転送技術）を採用して，大規模なシステムを経済的に構成できる方式としている．

MHN-P は，ネットワークにおいて，パケット交換網，ISDN におけるパケット処理，PHS の制御情報転送など，多様なインタフェースで使用されるので，STMSW（図 6.10 参照）を利用して，速度，物理レベルの異なる各種回線インタフェース部，フレームハンドラ，プロトコル処理部の間をソフトウェア制御で柔軟に接続できる構成が取られている．

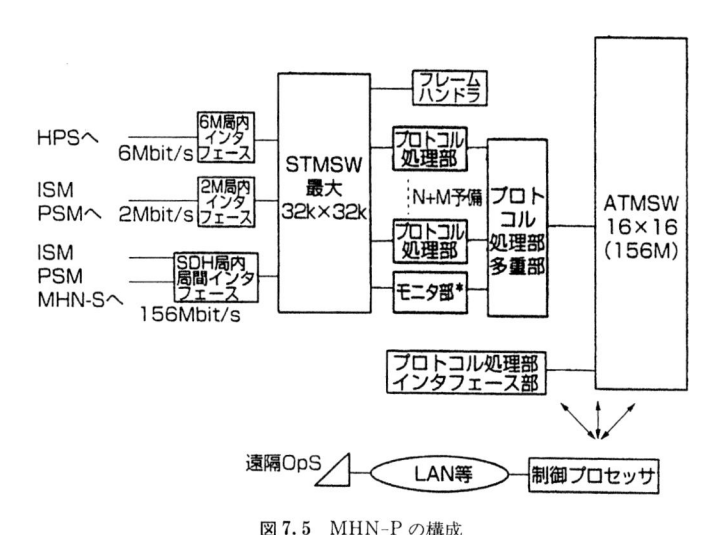

図 7.5 MHN-P の構成
*モニタ部：任意回線の通信モニタ試験機能を実現する．

　パケット処理用プロセッサ（PPB）は，共有メモリ（制御プリミティブ授受用とパケットバッファ用メモリ）を介したメモリ結合形マルチプロセッサ方式を採用し，小形化，高性能化を達成している．さらに PPB では，最大 4000 加入（5000 データリンク）までのレイヤ 2 プロトコルを同時に高多重処理できる専用 LSI が使用されており，小形化，経済化が達成されている．このような構成により，モジュールあたり 25000 加入の収容が可能である．
　また，図 7.3 ではパケット処理部（PPU）に 3+1（固定）予備構成を採用しているが，この方式では故障発生時に予備装置に切り替えると修理完了後に再度切戻しが必要となり，2 度のサービス中断が発生していた．MHN-P では STMSW を利用して回線インタフェースと PPB とを接続する形態をとっているので，任意の PPB が運用系にも予備系にもソフト的に設定可能な N+M（任意）予備構成がとれるようになり，切戻しの必要もなくなっている．

7.3　インターネットシステム

　インターネットは 1.3.2 項に述べたように，1995 年以降，商用ネットワークとして急速に普及するようになってきた．本来インターネットは，大学や研究機

関相互に結ぶコンピュータネットワークとして発展してきたもので，図7.6にそのイメージを示すように，各大学や研究機関のローカルネットワーク(NWi)を相互にゲートウェイを介して接続されて，大きなネットワークに発展したものである．

ローカルネットワークに収容されているホストコンピュータには，図4.29に示したインターネットアドレスが付与されており，通信の際に一意に識別できるようになっている．なお，ホストコンピュータとしては，コンピュータの種類は何でもよく，大型コンピュータ，ミニコン，ワークステーションあるいはパソコンでもよい．そして，ホスト間では，4.4.3項に述べたTCP/IPプロトコルによってメッセージ転送が行われる．ゲートウェイは，二つ以上のネットワークを結合しており，メッセージをネットワーク間にまたがって受渡しをする．ゲートウェイの主な制御機能は，つぎの3項目がある．

(1) 受信したメッセージが自分の接続されているネットワーク内のホスト行きのものか，そうでないのかの区別をして，他のネットワーク行きの場合は外に出す．
(2) 他のネットワークに接続する場合，どのネットワークに向けて送り出すべきかを決定する（ルーチング）．

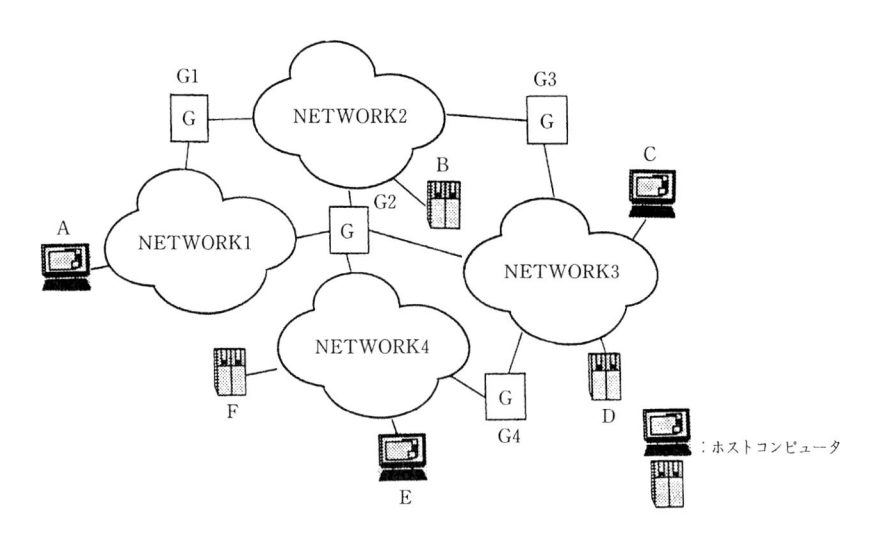

図7.6 インターネットの仕組み(G：ゲートウェイ)

(3) メッセージをできるだけ効率よく転送するためにフローコントロールや輻輳制御を行う．

ネットワーク間をつなぐ伝送路としては，専用線が使われたり，ATM ネットワークがバックボーンネットワークとして使用されたりしている．最近の高速インターネットのためには，ギガビット（Gb/s）クラスの高速リンクが用意されている．とくに，国際間での接続にあたっては，大形の**インターネット交換機**（**IX**：internet exchange とよばれている）が国のゲートウェイの機能を果たしている．ネットワーク内のゲートウェイやルータなどは，図 4.30 に示した仕組みでメッセージの転送を行う．

商用のインターネットが展開されるようになり，企業や大学のネットワークに属していない単独のコンピュータでも，インターネットにアクセスできる仕組みが必要となり，インターネットサービスプロバイダとよばれるインターネット通信事業者が登場してきた．日本では，xxxx@yyyy.ne.jp というドメインネームが付与されている．そして，このプロバイダと契約を結んだ利用者が，一つのローカルネットワークを形成しているとみなすことができる．

NTT では，1996 年末から OCN（Open Computer Network）というベスト

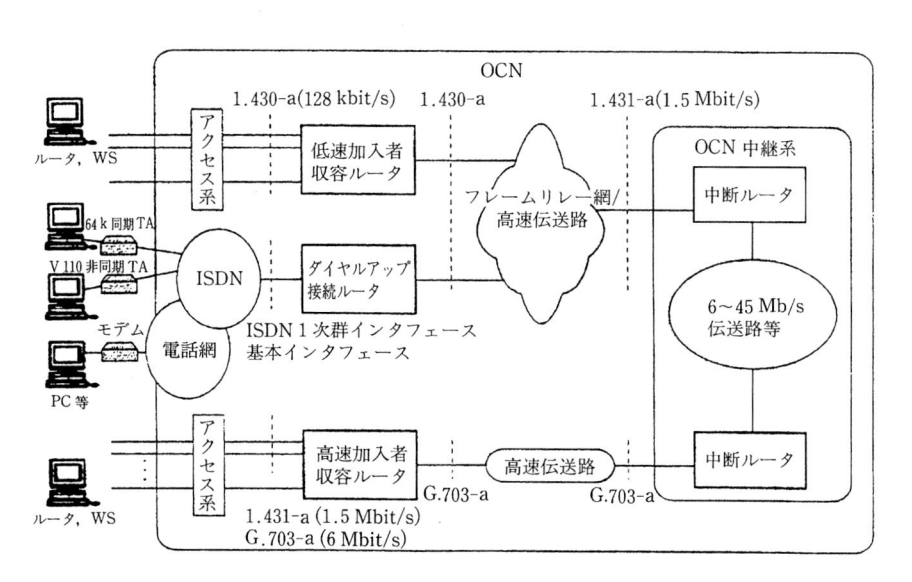

図 7.7　OCN で使用されているルータ装置類

エフォート形のネットワークサービスを開始しており，インターネットへのアクセスが便利になっている．ほかの通信事業者でも同様のサービスを提供している．図7.7には，OCNで使用されているルータ装置類を示す．OCNでは，128 kb/sの専用線接続形態の低速アクセス系，1.5および6 Mb/sの専用線接続形態の高速アクセス系，ならびにダイヤルアップ接続系が準備されている．ダイヤルアップ接続は，通信を行いたいときに，電話網を利用してモデムを介して接続する形態とISDNを介してディジタル接続する形態が利用できる．

最近のインターネットでは，テキストだけでなく，Webによりマルチメディア情報の通信が常識的となっており，伝送速度の高速化が強く要望されており，アクセスネットワーク（個々のコンピュータからプロバイダに接続するネットワーク）での高速伝送が必要となっている．このため，電話回線の高周波帯域を利用して高速データ伝送を行うADSL (asymmetrical digital subscriber line)モデムやCATV (cable television)事業者の提供するケーブルモデムとか，FTTH (fiber to the home)など多彩な技術が競っている．また，モバイルインターネットに向けてはi-モードサービスなど携帯電話などからのアクセス技術の進歩も著しい．

演 習 問 題

(1) 公衆データ回線交換網において，他種類の速度の端末からの情報は，ネットワーク内においては，どのような交換処理がされるか．
(2) 公衆パケット交換方式において，処理能力を向上する技術としてどのような技術が使われているか．
(3) インターネットでは，企業や大学のLANが相互に接続されてネットワークを構成している．端末相互で，メッセージがやりとりできる仕組みを説明せよ．

8. 通信サービスの高度化

　第7章までで電話交換，データ交換，ISDN システムについて，主要技術とシステム構成について述べてきた．本章では，多様化する通信サービスの要求に対して柔軟に対応できる新しい取組みについて，下記の項目を取り上げて説明する．
　(1)　フリーダイヤルサービスに代表されるインテリジェントネットワークの仕組みと技術．
　(2)　携帯電話に代表される移動体通信における交換技術．
　(3)　21世紀では大きく展開するであろう光交換の基本技術．

8.1　インテリジェントネットワーク

　従来の通信ネットワークでは，1970年代の電子交換機の導入により，ネットワークサービスの多様化に対して，ソフトウェアの機能追加で柔軟に対応してきた．しかし，利用者の要望にこたえ各種の新しいサービス機能を追加するためには，そのつどシステムの一部を変更する必要があった．1980年代後半に至ると，電話網の量的拡大から質的拡大，サービスの高度化へと変革する必要が生じてきた．高度情報社会にあっては，新しいサービスをより早く提供する要求がますます増大してくるため，**インテリジェントネットワーク**（IN：intelligent network）という技術によって対応することとなってきた．

　本節では，初期のインテリジェントネットワークとして具体化されたフリーダイヤルサービスについてその機能の実現方法を述べ，ついで**高度インテリジェントネットワーク**（AIN：advanced intelligent network）とよばれる技術とそれを実現するシステムについて述べる．

8.1.1 フリーダイヤルシステム

NTT で提供されている**フリーダイヤル**サービスは,「0120＋DEFGHJ (6 桁の番号)」とダイヤルするサービスとして知られている．一般の電話網では，通信相手の電話番号をダイヤルすることにより接続が完成され，発信側の電話機に対して通話料金が課金される．これに対して，フリーダイヤルサービスは，座席予約，通信販売，各種問合せなどのサービスに適用され，顧客への便宜を考慮して通信料金を着信側に課金するサービスであり，電話番号も契約者が希望する番号 (ごろ合せによる覚えやすさ，地域に密接する対応関係からの脱却) を利用できるようになっている．このサービスは，米国で 800 番サービスとして提供されるようになり，ダイヤルにアルファベットが併記されているので，ホテル名をそのまま使うような例もある．わが国では，1985 年から NTT により提供されるようになった．

この機能を実現するためには,「0120」に続く 6 桁の番号を一般の電話番号に翻訳して接続する必要があるので，電話網内にデータベースを設置し，番号の翻訳，接続先判定，接続方法の指定などの情報を蓄積し，この情報を参照しながらサービス接続制御を行う．この機能を有する局を**新サービス制御局** (NSP：network service control point) とよぶ．そして，これらの情報は通話回線を接続する必要がなく，通話とは独立した情報回線で情報の授受を行うのが効率的である．このため，情報転送路としては共通線信号方式を適用するのが望ましい．こ

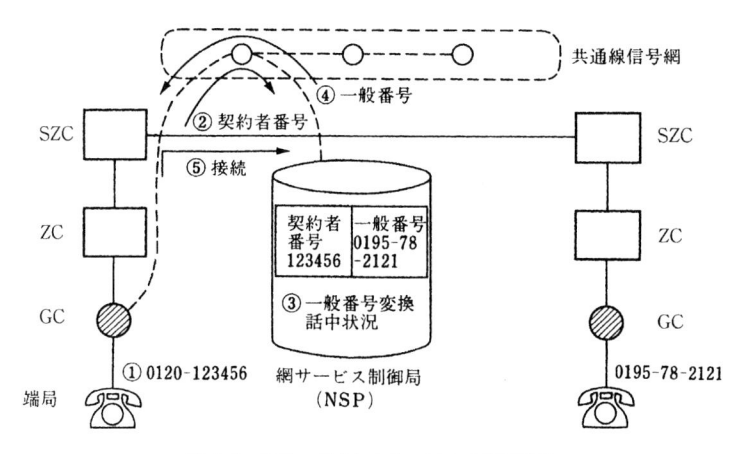

図 8.1　フリーダイヤルサービスの接続動作

のサービスの開始された時点では，共通線信号方式は市外交換階梯にのみ適用されていたので，市外交換機から NSP に番号の翻訳などの情報を転送することとしていた．現在では，ネットワークがディジタル化され，すべての交換機に共通線信号方式が適用されているので，GC が NSP と情報交換を行っている．

NSP を利用したフリーダイヤルサービスの接続例を図 8.1 に示す．図の左の電話機からフリーダイヤルの番号をダイヤルする (①) と，共通線信号により NSP に契約者番号の問合せ (②) を行い，NSP では一般番号への変換が行われる．そして，変換された結果が通知 (④) され，通話回線の接続 (⑤) が行われることになる．

8.1.2 インテリジェントネットワーク技術の進展

初期のフリーダイヤルサービスでは，データベース検索処理を行う NSP が導入され，市外交換機 (TS) から問合せ情報を送り，それに対して応答する形態がとられていた．1989 年になり，利用者側からサービスパラメータを変更できる新しいフリーダイヤルサービスの提供が検討され，NSP より上位に **NSSP** (network service support point) というサービス制御機能を果たす装置を配置する形態が導入された (図 8.2 参照)．また，1988 年から ISDN のサービスが開始されるようになり，共通線信号方式を加入者線交換機にまで適用されるようになってきたので，NSP とのインタフェースも LS 階梯 (GC) から行われるようになってきた．

この形態になってからサービス機能も順次追加され，ダイヤル Q^2，メンバーズネット，テレゴング，テレドーム，クレジット通話などのサービスが IN の技術によって提供されてきた．この段階では，これらのサービスごとに NSP，NSSP が設置され，また交換機自体に新サービス対応の呼制御機能が備えられているため，新サービスを追加するには，交換機への機能追加も必要であった．

これに対して，交換機に機能追加をせずに新サービスを提供できるように，新しいネットワークアーキテクチャに従って，新サービス対応制御機能をネットワークの上位レイヤに高機能ノードとして配置し，この高機能ノードから交換機 (伝達ノードとよぶ) にサービス提供操作の指示を与える新しい技術が開発された．この技術を高度インテリジェントネットワーク (AIN : advanced intelligent network) という．

164   8. 通信サービスの高度化

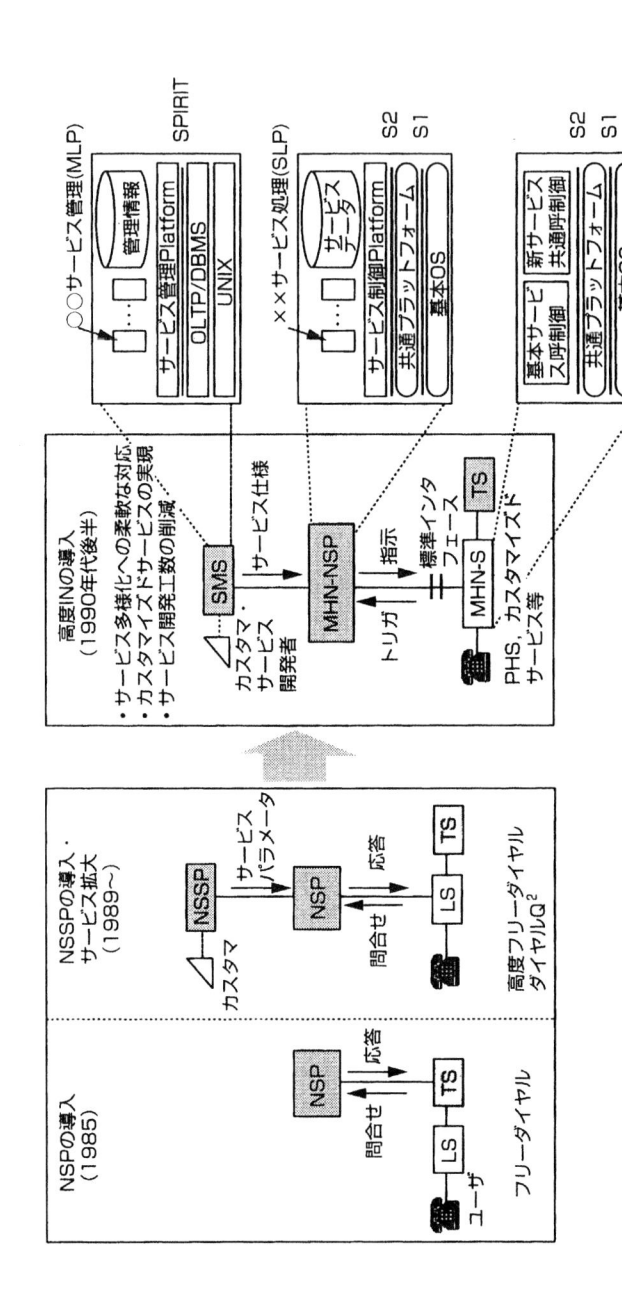

図 8.2 NTT における IN の進展[44]

NSP : network service control point NSSP : network service support point, SMS : service management system.

高度インテリジェントネットワークでは，伝達ノードとNSPとのインタフェースが大きく異なっており，これまでの「問合せ/応答」という形態から，「サービスによらないトリガ/指示型」の標準インタフェースで接続することに変わっている．さらに，高機能ノードでは，SMS (service management system) を設置して，サービス開発工数を削減しつつ，より柔軟に，より早く，カスタマイズされた多様な新規サービスを提供できる仕組みとしている．

8.1.3 高度インテリジェントネットワークのシステム技術

前節で述べたように，高度インテリジェントネットワークにおいて「トリガ/指示」形で各種のサービスを提供するために，図8.3に示すように，新サービス呼制御機能を高機能ノードに移し，伝達ノードの制御方式としてはサービスによらず統一された基本呼状態モデル (BCSM : basic call state model) により仮想化されている．この機能を，NTTでは新しいノードシステムであるMHNシステム（6.3節参照）から商用に供しており，伝達ノードの機能はMHN-Sにインプリメントされている．

このアーキテクチャの実現により，サービスの追加変更時の影響を高機能レイヤに局所化し，全国規模で設置されている伝達レイヤの交換機能に個々に機能追加する必要をなくすことができた．

高度INを実現する機能モジュールを図8.4に示す．伝達レイヤの交換機

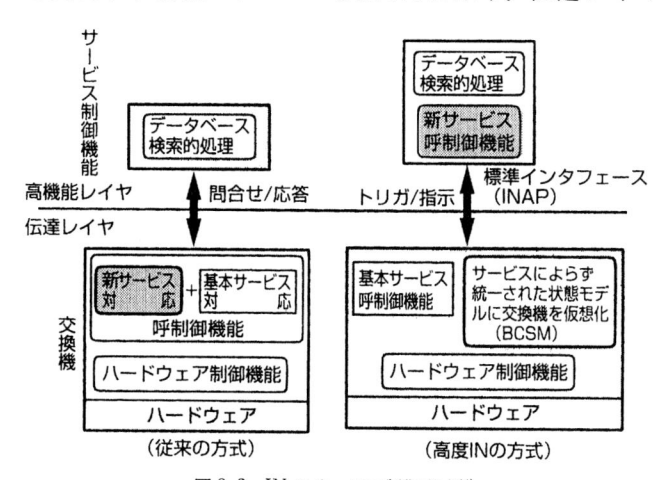

図8.3 INのサービス制御方式[44]

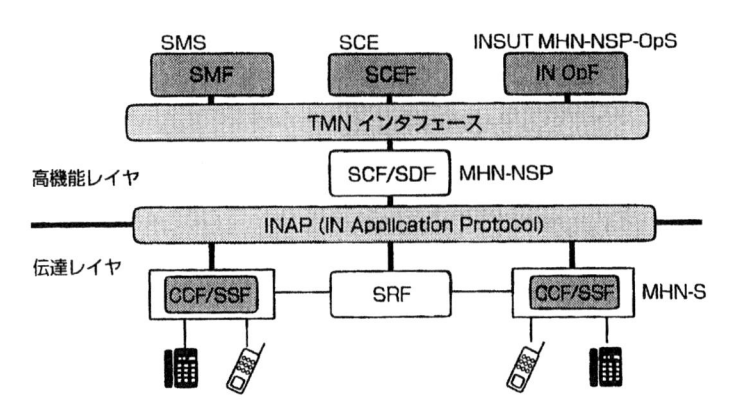

図8.4 高度INを実現する機能モジュール[44]

MHN-NSP-OpS：MHN-NSP用設備OpS
MHN-S：STM系伝達ノード
CCF (call control function)：呼制御機能
SSF (service switching function)：サービス交換機能
SRF (special resource function)：特殊リソース機能
SCF (service control function)：サービス制御機能
SDF (service data function)：サービスデータ機能
SMF (service management function)：サービス管理機能
SCEF (service creation environment function)：サービス生成環境機能
IN-OpF (IN-operations function)：INオペレーション機能

(MHN-S)には，BCSMが埋め込まれた呼制御機能(CCF)およびサービス交換機能(SSF)がインプリメントされている．高機能レイヤは，サービス制御機能(SCF)とサービスデータ機能(SDF)をもつサービス制御ノード(MHN-NSP)，サービス管理機能(SMF)をもつサービス管理ノード(SMS)，サービス生成機能(SCEF)をもつサービス生成環境(SCE)，さらにサービス対応のオペレーション機能をもつサービスオペレーションノード(INSUT：IN surveillance and testing system)で構成される．

高機能レイヤと伝達レイヤとのインタフェースとして，高度IN用に国際標準として定められたINAP (IN application protocol)が適用され，トリガ/指示のメッセージを伝送する情報媒体としては実時間処理に適した共通線信号網が使われている．また，高機能レイヤにおけるMHN-NSP，SMS，SCE，INSUT間はネットワーク管理系として国際的に標準化されているTMNインタフェースを適用する情報伝送網が使用されている．

さて，図8.4に示した各モジュールは，図8.5に示すようにサービスに依存しない共通な機能をもつプラットフォームとサービス対応のソフトウェアとを分離

した階層化ソフトウェア構造となっており，サービスの追加変更による影響を局所化できるようになっている．各モジュールにおけるサービス対応の機能は，このプラットフォーム上で走行するアプリケーションソフトウェアとして実現される．MHN-NSP, SMS, INSUT で動作するサービス対応のアプリケーションソフトウェアは，それぞれ通信サービスソフトウェア（SLP : service logic program），サービス管理ソフトウェア（MLP : management logic program），サービスオペレーションソフトウェア（OLP : operation logic program）とよばれており，これらはすべて SCE で生成され，各モジュールにダウンロードされる．

SLP は，ネットワーク制御を行うプログラム部分とカスタマ対応（たとえばフリーダイヤルサービスで，0120 につづく番号により情報を提供する企業が自分で条件を設定することを考える）に固有の条件により判断処理を行うプログラム部分とから構成されている．前者は交換機に対して接続先の指示や応答・切断

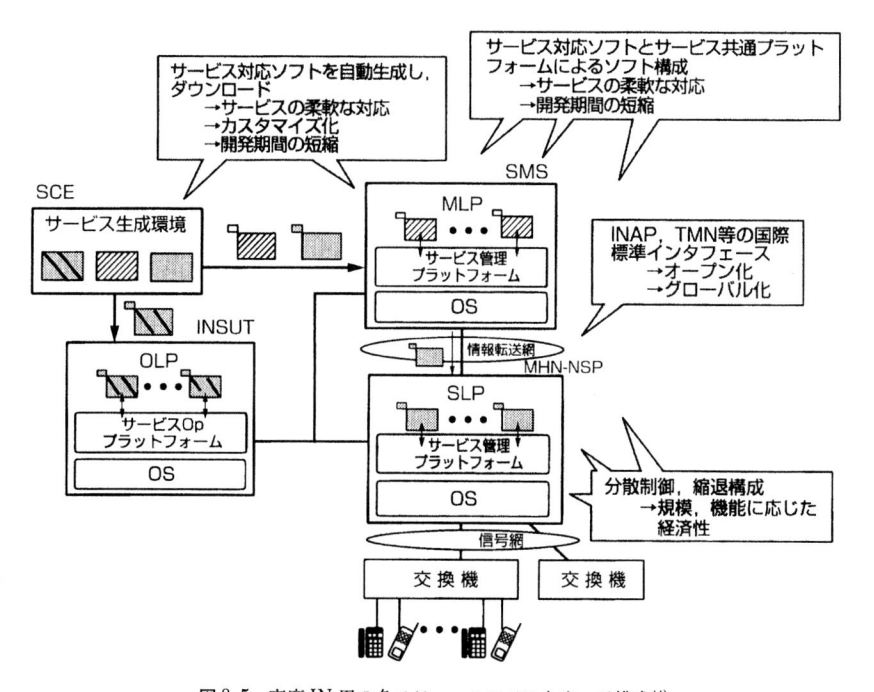

図 8.5　高度 IN 用の各モジュールのソフトウェア構成[44)]
OLP (operations logic program)：サービスオペレーションソフトウェア，MLP (management logic program)：サービス管理ソフトウェア，SLP (service logic program)：通信サービスソフトウェア

などのイベント発生の監視指示などをINAPによる信号で行い，イベント発生の通知が交換機からSCPに通知された場合には以降の交換機制御も扱う．後者は，たとえば話中の場合に案内ガイダンスの送信を送信するのか，それとも別の端末に転送を行うのか，それらの場合のガイダンス内容の選択や転送先の番号の選択など，カスタマが事前に登録しておいた希望条件に依存した制御を行う．

フリーダイヤルサービスのような論理番号・物理番号変換形のサービスでは，交換機において論理番号を含むダイヤルであることが検出された時点で，SCPにINAP信号による問合せ（トリガとよぶ）が送信され，番号に対応したSLPの実行が開始される．その実行のなかで，論理番号・物理番号の変換を行い，変換した物理番号をパラメータとして含む接続指示がINAP信号でSCPから交換機に送信される．このサービスに，カスタマからの登録情報が，着信先話中時には別の端末に転送するように指定されている場合には，接続指示を行う際に，「あわせて接続先が話中であるかどうかを監視し，話中の場合にはSCP内のSLPに通知を行う」という指示を送信するよう，SLPの修正を行う．このような状況のもとで着信端末の話中を検出した場合には，交換機からSCPにその通知信号が送信されることとなり，これを契機にSLPが実行されて，転送先への接続指示など，その後の処理が行われる．SLPの生成はサービス生成環境（SCE）にて行われ，生成されたSLPはサービス管理システム（SMS）を経由してSCPにダウンロードされる．前述の機能追加によるSLPの修正についても，SCEで機能追加されたSLPが生成され，同様の手順でSCPに格納される．

このようにカスタマの条件に依存した処理については，SLPから呼び出されるプログラム部分もしくはSLPから参照されるデータとして実現され，SMSからSCPにダウンロードされる．

このとき，ネットワーク制御を扱うSLPとカスタマの条件に依存した処理を扱うSLPは，サービス起動時のパラメータ（前述の例では論理番号）を基に，互いを関連づけるデータがSMSで生成され，SCPにダウンロードされることになる．

8.2 移動体電話交換システム

1990年代後半に急速に普及した携帯電話（PHSを含む）は，通信の条件であ

る「いつでも」,「どこででも（モバイル）」,「パーソナルな」通信を実現したいという要求を満たす格好のメディアである．そして，2000年には固定電話機と同数あるいはそれを凌駕するほどにまで普及するに至った．

移動体通信サービスは，固定した2地点間を結ぶ通信から範囲を広げて移動体との通信を可能とするもので，1965年に内航船舶電話サービスがはじまり，1975年には列車電話サービスが，1979年には自動車電話サービスが順次開始され，自動車電話サービスは機器の小形化が進み，1990年に超小形携帯電話（ムーバ）が出現し，いまでは携帯電話が主流となっている．さらに，通信料金の低廉化，通信品質の高度化を狙って，移動速度には制約があるものの，データ伝送速度の高速化などのメリットのある PHS システムも普及している．これらのシステムの技術には，交換制御面だけでなく，無線技術の面からも多様な方式があるが，本節では基本的な技術を理解するために携帯電話システムについて述べることとする．

8.2.1 携帯電話の網構成

携帯電話機は，無線を介して一般電話網と接続され，移動する電話機相互あるいは固定の電話機との通話が可能となる．網の構成は，電話網の加入者系を無線に置き換えたものといってよく，主要な技術は，無線チャネルのアクセス制御，位置登録ならびに追跡交換制御である．

わが国の携帯電話には，800 MHz 帯および 1.5 GHz 帯の無線周波数を使用したディジタル通信方式が使用されており，携帯電話には8桁の番号が付与されている．携帯電話の呼出しには，この番号に「090」を前置することにより，一般電話と区別している．

図 8.6 (a) には，たとえば NTT ドコモのように一事業者の提供する携帯電話網のエリア構成を示している．一つの無線基地局のカバーするエリアを無線ゾーンとよび，複数の無線ゾーンをまとめて位置登録エリアとしており，後述するように携帯電話機を呼び出す際にはこのエリア内に対していっせいに呼出し信号を送出することになっている．無線チャネル数は有限であるから，周波数の有効利用をはかるため，図 8.6 (b) に示すような無線ゾーン構成として，同一周波数を繰返し使用できるようにしている．無線ゾーンの広さは，その地域での電話トラヒックに応じてあらかじめ設計されているが，大都市では半径 1 km 以下，トラ

170　8. 通信サービスの高度化

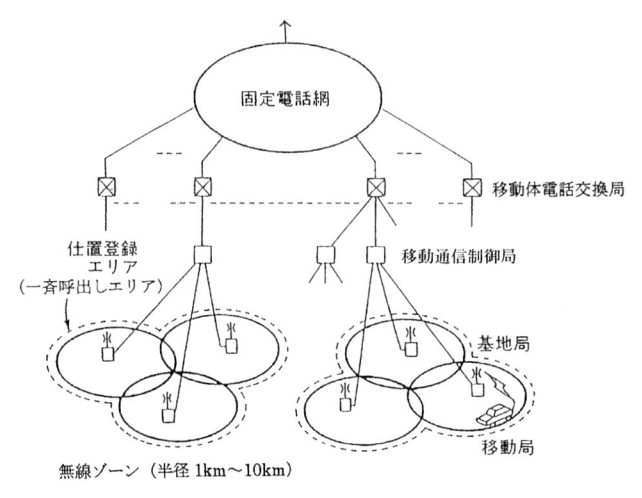

(a) エリア構成

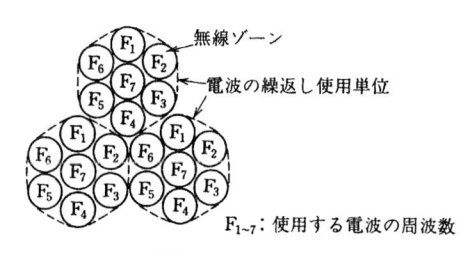

(b) 無線ゾーン構成

図8.6　携帯電話の網構成[1]

ヒックの少ない地域では 7～8 km に及ぶこともある．また，一つの移動体電話交換局の収容するエリアを制御エリア（または交換ゾーン）とよぶ．制御エリアは面的に広がっており，その集合によりサービスエリアが構成されている．

8.2.2　携帯電話の交換制御

　携帯電話をどこにもっていっても確実に呼出しがかかったり，高速道路や新幹線での移動のように高速で移動しても確実に通話が継続できるのは，これを保証する交換制御が行われているからである．以下に主要な技術について述べる．

a. 位置登録

　無線基地局からは常時，位置登録エリア情報が放送されている．携帯電話機

は，位置登録エリア情報により，自分の所在するエリアを認識することができ，位置登録エリアを横切って新しい位置登録エリアに移動すると位置登録信号を送出する．各携帯電話機は，それぞれの所属する移動体電話交換局（ホームメモリ設置交換局：M-SCP）が定められており，それぞれの携帯電話機の所在地域が登録されている．位置登録信号は，無線基地局，在圏移動体電話交換局を経て，共通線信号網を介して，ホームメモリ設置交換局へ転送され，位置情報が書き換えられる．

b. 着信接続

携帯電話機への着信の場合には，図8.7に示すように，携帯電話機加入者番号からホームメモリ設置交換局が識別され，共通線信号網を介してホームメモリ設置交換局に位置問合せが行われる．その結果，着信携帯電話機の所在地域（位置登録エリア）が判断され，その地域内の全無線基地局経由で一斉呼出しが行われる．呼出信号には，着信携帯電話機加入者番号，通話チャネル番号指示などが含まれる．着信携帯電話機加入者番号で指示された携帯電話機は，指定された通話チャネルを捕捉することにより通話が可能となる．

c. 発信接続

携帯電話機からの発信に際しては，まず自分の携帯電話機加入者番号を発呼信

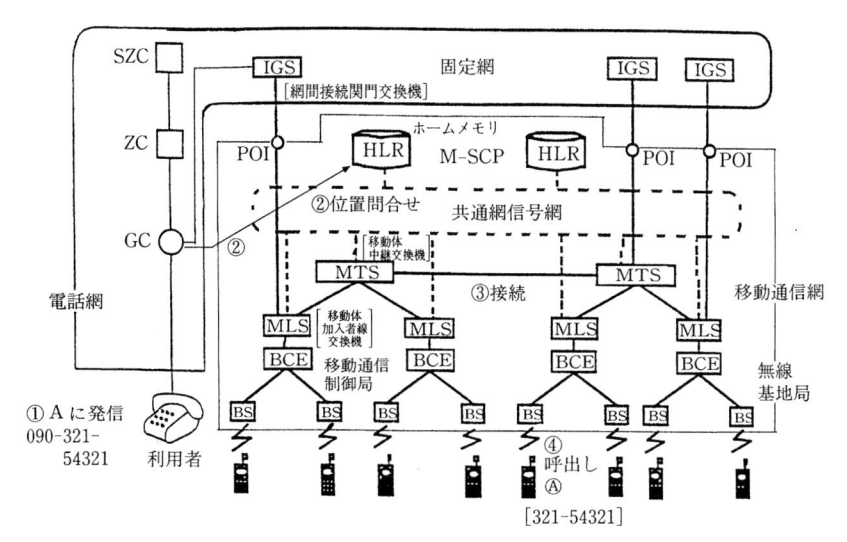

図8.7 携帯電話の接続処理

号とともに，無線基地局経由で在圏移動体電話交換局へ送出する．移動体電話交換局は，携帯電話機の所在する無線ゾーンを判定し，空き通話チャネルを選定し，発信携帯電話機に通話チャネルを通知する．携帯電話機は，その指示に従ってチャネルを捕捉する．通話相手を指示するダイヤル信号などは，捕捉した通話チャネルで送受する．

d. 通話中チャネル切換え（ハンドオフ，ハンドオーバという）

通話中に携帯電話機がこれまで属していた無線ゾーンを超えて隣接する無線ゾーンに移動してしまうことがある．このため，無線基地局では携帯電話機からの受信レベルを監視しており，図8.8に示すように，レベル劣化を検出すると移動通信制御局へ通知する．移動通信制御局は，レベル劣化を検出した無線基地局に隣接するすべての基地局に対しレベル監視を要求し，その結果に基づき移動先無線ゾーンを決定し，移動機へ新しい通話チャネルを指定するとともに，移動通信制御局では通話チャネルの切換えを行い，通話の継続を保証する．また，移動範囲がさらに広域にわたり，異なる移動通信制御局の管轄エリアに移った場合には，さらに上位に設置されている移動体電話交換局において通話チャネルの切換

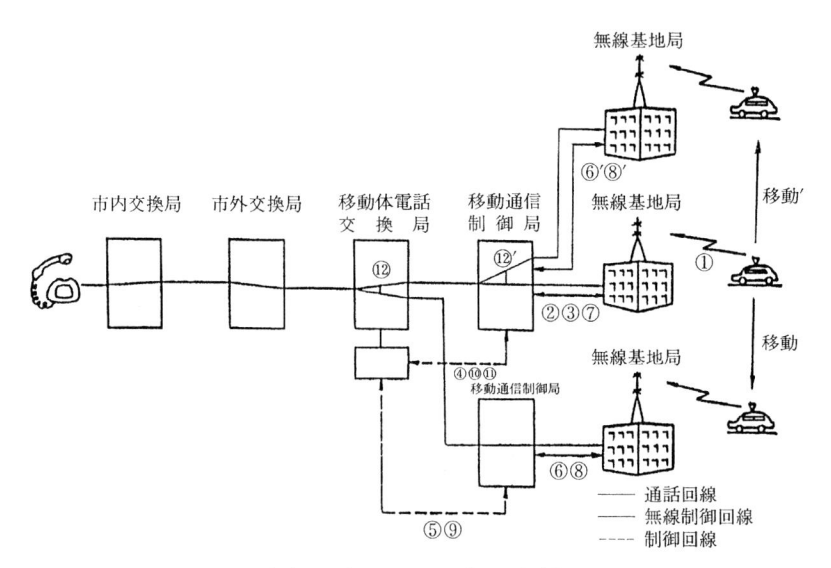

図8.8 通話中チャネル切換え接続制御
① S/N劣化検出，② S/N監視，③〜⑥ S/N監視要求，⑦〜⑩ S/N監視結果，⑪ チャネル切換要求，⑫ チャネル切換．

えが行われる．

8.3 光交換システム

これまでに述べてきた交換方式は，ディジタルネットワークの進展に合わせて高度化されて，各種のメディアを扱えるいわゆるマルチメディアネットワークの重要なノードとなっている．そして，この進展はLSI技術の進歩に負うところが非常に大きい．一方，ネットワークのリンク技術として光ファイバ伝送方式の技術進歩は著しく，2000年ではNTTの長距離基幹伝送路には10 Gb/sの光ファイバ伝送方式が導入されており，40 Gb/sの技術開発が進められている．また，米国では波長多重技術の導入が積極的に進められている．

ネットワークのディジタル化の進展にともない，リンクのディジタル化についでディジタル交換方式の導入によりディジタル統合化が実現でき，品質向上に大きな進展のあったことを1.2節において図1.7により述べた．同様のアナロジを光ファイバ伝送方式の普及に関連づけて考えると，将来の超高速ネットワークの実現にあたっては，交換システムへも光技術を導入し，いわゆる「光統合」を実現する方向が有望である．

最初に，伝送路において1本の光ファイバを複数の波長により多重伝送する場合（波長多重という）を考える．このような伝送路相互を接続して方路を切り換える際に，電気信号に戻すことなく光信号のままでスイッチできる技術が重要である．これを実現するデバイスとして，**アレー導波路回折格子**（AWG：arrayed waveguide grating）がある．

図8.9(a)はAWGの構成を示すもので，シリコン基板上に光ファイバと同程度のコア寸法($6\sim8\ \mu$m)を有する導波路を構成する石英系**プレーナ光波回路**（PLC：planar lightwave circuit）技術によって，複数の入出力導波路，2個のスラブ導波路（平面レンズの一種）および隣どうしの導波路間で導波路長差ΔLを有するアレー導波路が構成されている．そして，1本の導波路に入力されたn個の波長多重された信号が，出力側の導波路ではn本の導波路に空間的に展開されて出力されている様子が示されている．nとしては，小さいもので8，大きいもので128のものがつくられている．$n=32$の場合，$32\times40\ \text{mm}^2$の基板上につくられ，$1.55\ \mu$m帯で波長間隔0.8 nm（100 GHz間隔），平均損失4 dBの特性

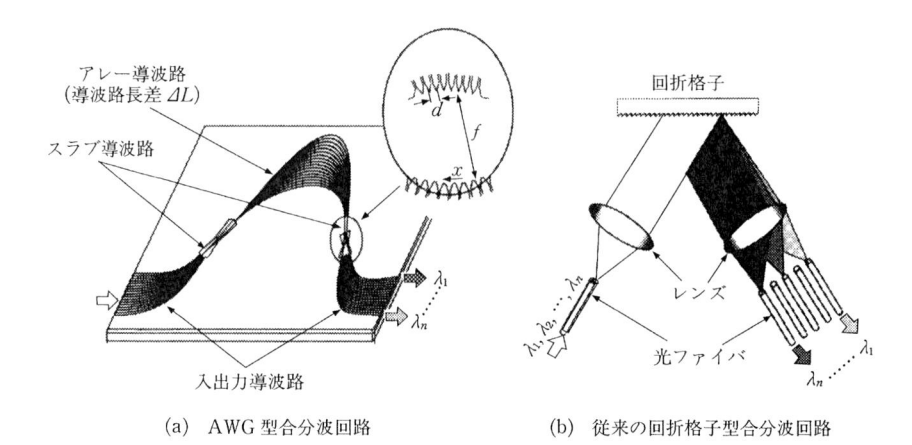

(a) AWG 型合分波回路 (b) 従来の回折格子型合分波回路

図 8.9 AWG 型合分波回路と従来型合分波回路[56]

が得られている．図 8.9(b) は，AWG と等価的な機能を有する従来形合分波回路の構成で，個別光部品の回折格子を用いたものである．

AWG チップにおける動作の様子はつぎのようになっている．まず入力導波路から入射された光信号は，入力側スラブ導波路内で回折により拡散され，数十～数百本あるアレー導波路に同位相で分散される．複数に分配された光信号は，アレー導波路を伝播する際に導波路長差 ΔL に応じた位相差が与えられ，出力側スラブ導波路内で互いに干渉して出力導波路に集光される．その際に，アレー導波路で与えられた位相差は波長に応じて異なるため角度分散が生じ，各波長に応じて異なる出力導波路から出力されることになる．

この AWG を実際のシステムに適用するにあたり，図 8.10 に示すような多彩な合分波機能を実現できる．図 (a) では，1 本のファイバに波長多重された信号を AWG の入力導波路に入射すると波長ごとに異なる n 本の出力導波路に空間的に展開されて出力される．そして，AWG は可逆性を有しているので，この逆の動作によって n 本の波長の異なる入力光信号を AWG に加えると 1 本の出力導波路に波長多重された信号として取り出すことができる．この機能はポイントツーポイント WDM (wave division multiplex) システムですでに実用に供されている．図 (b) では入出力ポートをループバック接続することにより，波長多重された入力光信号のうち λ_4 の波長の信号だけを取り出し，代わりに λ_4' の波長の信号を挿入して出力導波路に波長多重する機能（光アドドロップ合分波器機能と

8.3 光交換システム　175

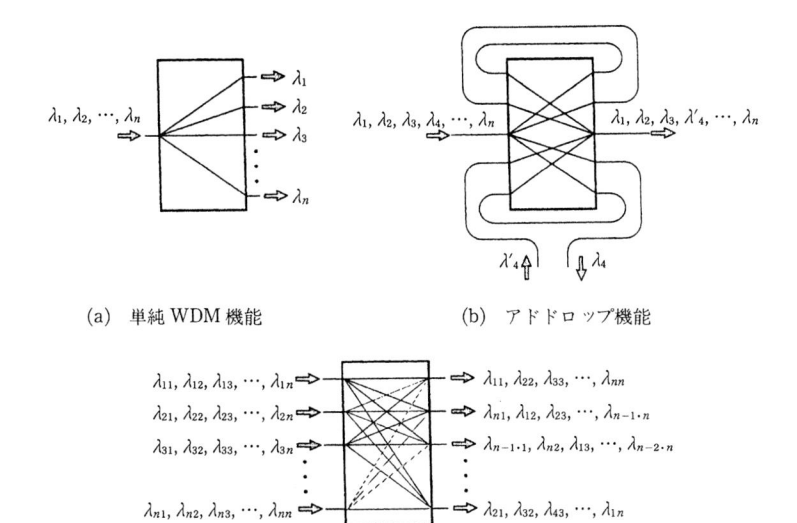

(a) 単純 WDM 機能

(b) アドドロップ機能

(c) $N \times N$ 波長インタコネクション機能 (N 波長で N^2 個の独立パスを構成)

図 8.10　AWG による多彩な合分波機能
(a) は現在の WDM システムに適用，(b) は次世代 WDM システムに適用，(c) は将来の大容量 WDM システムに適用．

いう)が実現できる様子を示している．さらに，図(c)では，n 波長多重された n 本の光ファイバを入力として，$n \times n$ の独立したパスを設定できる波長インタコネクション機能が実現できる様子を示している．この機能を利用すると交換通話路を効率的に構成することができる．

これまでは，一つの波長で一つの情報を送っている場合について述べてきたが，さらに一つの波長の上で ATM セルが送られている場合を考えてみよう．この場合には，単に波長のスイッチングを行うだけでは不十分であり，さらに高度な機構が必要となってくる．その一例として，WDM スイッチングと高速信号のままシリアルに切り換える光ゲーティングを組み合わせた大容量**光パケットスイッチ**を説明しよう．

図 8.11 は，光パケットスイッチのアーキテクチャを示す．システムは，光パケットを転送する光 WDM ハイウェイレイヤと，それを制御する電気制御レイヤの 2 層構造となっている．前者は，固定波長光パケット送信器 (OPS)，光合流分配部，WDM 出力バッファ (WOB)，光パケット受信器 (OPR) で構成され

176 8. 通信サービスの高度化

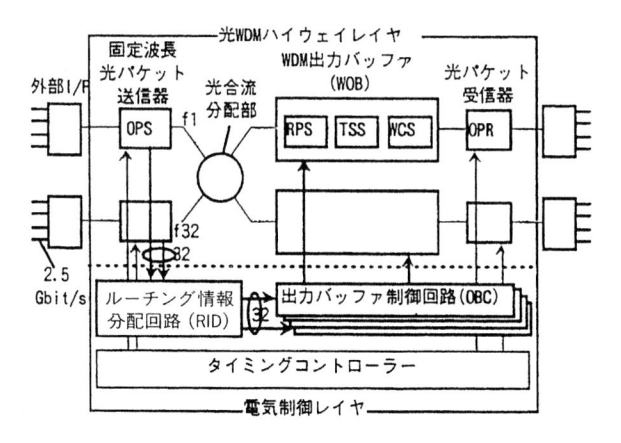

図 8.11 光パケットスイッチのアーキテクチャ

る．入出力ポートは 2.5 Gb/s のリンク速度とする．これをスイッチ内では 10 Gb/s に多重化した形で処理され，10 Gb/s リンクを 32 リンク収容する 320 Gb/s のスループットのスイッチとして構成している．そして，53 バイトのセル情報に光スイッチングを実行するためのヘッダ情報を 11 バイト付加して 64 バイトのパケットを構成する．このヘッダには光信号切換用ガードタイム，同期パターン，スイッチ内部でのルーチング情報が含まれている．10 Gb/s リンク上ではこれらのパケットが多重化されており，OPS では各入力光パケットをいったん電気信号に変換し，パケットごとにヘッダからルーチング情報を抽出し，電気制御レイヤのルーチング情報分配回路 (RID) に転送する．そして，リンクごとに異なる波長 ($f_1, f_2, \cdots, f_{32}$) の光パケットに変換して光合流分配部に送られる．光合流分配部では 32 の異なる波長の情報が波長多重され，後段の WOB に加えられる．WOB および OPR は出力リンク対応に設けられており，WOB はルーテッドパケットセレクタ (RPS)，タイムスロットセレクタ (TSS)，波長チャネルセレクタ (WCS) で構成されている．そして，光合流分配部から加えられた波長多重信号のなかから所望の出力リンクに出力すべき光パケットだけを，電気制御レイヤの出力バッファ制御回路 (OBC) の指示に基づき RPS で抽出する．

図 8.12 では，入力リンク＃1 および＃32 に入力されたパケットのうち，A, C, B, F を出力リンク＃1 に接続する制御の仕組みを示している．まず，RPS においては，OBC からの制御情報により波長ごとに出力リンク＃1 に接続すべきパ

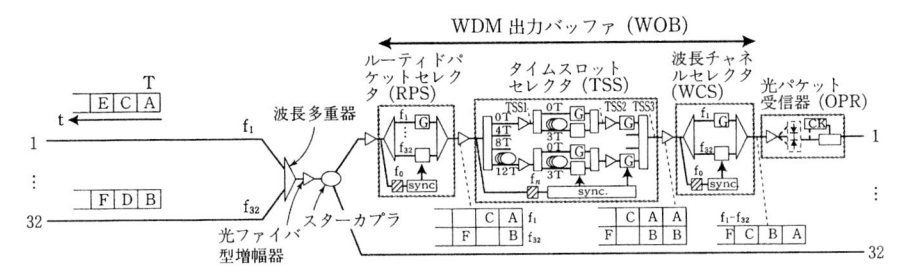

図 8.12 光パケット交換制御の仕組み

ケットだけを取り出す．この状態では，パケット A とパケット B は波長は異なるが，時間位置では競合しているので，TSS においてパケット A およびパケット B をそれぞれ 1 パケット分遅らせて多重化している．そして WCS において，波長 f_1 の最初のパケット A および C と，波長 f_{32} の 2 番目のパケット B および F がそれぞれ選択されて多重化されることにより競合が回避される様子を示している．最後に OPR で所望の波長の信号に変換されて出力リンクに出力される．図にみられるように，RPS と WCS は，装置構成は同じものであり，32 個の光ゲートを 32 チャネルの波長分離器，多重器ではさんだ構成となっている．また，波長分離，多重には前述の AWG が使用されている．TSS は，光分岐器，ファイバ遅延線，光ゲート，光合流器で構成され，最大遅延量として 15 タイムスロット分を設定できる構成となっている．

このシステムにみられるように，高速の光パケットの交換処理にはすべて光デバイスを用いることが効果的であるが，当面制御情報の処理には電気制御回路が有利である．

演習問題

(1) フリーダイヤルサービスの接続制御動作を説明せよ．
(2) インテリジェントネットワークについて，初期の方式と高度 IN とを比較して説明せよ．
(3) 携帯電話交換方式の原理を説明せよ．
(4) 携帯電話が高速で移動しても通話が継続できる仕組みを説明せよ．
(5) 光交換の機能素子として特徴的なアレー導波路回折格子 (AWG) の構造と動作様式を説明せよ．

演習問題解答

第1章

（1）日本における技術の変遷について述べる．1876年に米国のアレクサンダー・グラハム・ベルによって発明された電話機は1877年には日本に輸入された．最初の交換サービスは1890年に扱者による手動交換ではじまった．1926年にはステップバイステップ交換方式による自動交換機が導入され，市内通話のダイヤル接続がはじまった．ついで，全国電話網のダイヤル化を進めるために共通制御によるクロスバ交換方式が開発され，1956年以降順次導入された．さらに，サービスの高度化に向けて蓄積プログラム制御方式によるアナログ電子交換機が1972年から導入された．ネットワークのディジタル化にともない，1981年から全電子化されたディジタル電子交換機の導入が進み，1988年には宅内までディジタル形式で情報が送受できるN-ISDN交換機の導入へと発展した．

（2）①：ⓑⓔ，②：ⓐⓓ，③：ⓒ，④：ⓒⓕ．

（3）図1.7に示すように，わが国の電話網は音声信号を効率よく伝送・交換するアナログ網として，大規模なネットワークに発展してきた(a)．1965年に近距離伝送路にPCM伝送方式が導入されて，その後ディジタル技術の急速な進歩により長距離ディジタル伝送路へも導入され，中継伝送路のディジタル化が進展した(b)．一方，交換機についても，LSIの進歩により通話路のディジタル化が経済的に実現できるようになり，伝送路からのディジタル信号をそのまま交換接続できるディジタル統合網（IDN : integrated digital network）が構築できるようになった(c)．さらに，加入者線区間にもディジタル情報伝送の仕組みを適用してディジタルネットワークサービスを総合化して提供できるN-ISDNが商用に供されるようになった．

（4）1.3.2項参照．

（5）基本構成は図1.8に示すように，加入者系伝達ノードでは，基本インタフェースおよび1次群インタフェースの2種類のインタフェースを収容し総合的にサービスを提供するが，中継系は，低速系（電話，ファクシミリなどの64 kb/s系）と高速系（高速データ，動画像など）のように速度差の大きいもの，回線交換とパケット交換のように処理面に差異のあるものは分離して構成されている．基本インタフェースは，既存のメタリック加入者線を利用して，2B+Dの情報を伝送できる構成となっている．Bは情報伝送用の64 kb/sチャネル，Dは主として制御信号伝達用の16 kb/sチャネルである．1次群インタフェースは，構内交換機への多重通信接続や高速通信サービスが必要な場合を考慮したもので，加入者線には光ファイバによる高速伝送技術をとりいれ，PCM 1次群速度である1.5 Mb/s（日米系）の能力があり，Bチャネルのほかに高速の

チャネル (384 kb/s の H_0, 1536 kb/s の H_{11}) も扱える.
（6） 図 1.9 に示すように，ATM では，ディジタル化された音声，データ，映像情報をセルとよばれる固定長 (48 バイト) のブロックに分解し，各セルには宛先を書いたヘッダ (5 バイト) をつけて送出する．ネットワークの内部では，伝送すべき情報の種別によらずすべてセル単位で送られ，その伝送密度を変えることにより，一つのネットワークでマルチメディア情報に対処することができる．ATM ネットワークでは，高速情報伝送を可能とするため，極力簡略化されたプロトコル処理と高速で動作するスイッチによって情報転送を行い，誤り制御やフロー制御などは送受端末相互間の制御にまかせる．

第2章

（1） ブロック図は図 2.1．各ブロックの機能は 2.1 節参照．
（2） 図 2.2 参照．
（3） 図 2.4 を示し，2.2.2 項を参照して述べる．
（4） 通話品質，接続品質，安定品質が主要な品質規定である．

　通話品質は，電話における会話のしやすさを表す指標であり，会話音声の明瞭度，音量，通話に対する満足度などの項目について評価される．加入者線交換機相互間がディジタル 1 リンクで接続されているわが国の電話網では，SN 比やひずみ特性は通話に影響を及ぼさないほど良好となっているので，音声の大きさが通話のよさの主要因となっている．そして，アナログ電話機相互間の総合ラウドネス定格 LR を 13 dB 以下に規定している．そして，これを満足する最適な伝送損失配分が定められている．

　接続品質に関する評価尺度としては，接続損失と接続時間が用いられる．接続損失とは，回線や交換機の塞がりに遭遇して接続ができない確率（呼損率）をいう．接続時間は，利用者が受話器を上げてからダイヤル可能となる（発信音送出）までの発信音遅延やダイヤル信号送出から相手加入者への接続完了までの接続遅延などがある．わが国の電話網では網内の呼損率は 8% 以下，発信音遅延は 3 秒以上の確率が 1% 以下，接続遅延は最悪条件で 5 秒以下（平均 2 秒）と規定されている．

　安定品質に関する評価尺度としては，故障率や不稼働率のほか疎通率の低下時間などが用いられる．最近の電話網では，設備の不稼働率を故障規模に関係づけて設定されており，市内系の平常障害ではノード間不稼働率の目標値が 2×10^{-3} と定められている．

（5） パケット交換では，図 2.8 に示すように，情報データ（通信文）をあらかじめ定められた長さのパケットに区切り蓄積交換を行う．パケットには小包と同じように宛先（アドレス）をつけ，交換機はこのアドレスを解釈して目的の端末にパケットを送達する．データリンクレイヤでは HDLC 手順により誤り制御が行われ，リンクごとに正しいデータが送られる．ネットワークでのパケットの転送は図 2.9 に示す仕組みで行われる．パケットを正しく転送できるように，パケット順序制御，フロー制御，輻輳制御などの各種制御が行われる．パケット交換では，パケット単位に課金されるので，デー

タを伝送する場合には，回線交換に比べ，有利となる．さらに，パケットでデータが送られるので，送受信端末間の機種（NPT/PT，速度，プロトコルなど）に制約が少なくなる．

（6） 表2.1参照．
（7） 式(2.6)とそれに続く説明．
（8） 図2.13からはじめて，式(2.14)までを誘導する．
（9） ① 全呼量：$50×3/60=2.5$ erl，1本の回線あたりは0.5 erl．② 平均2.5回線．
（10） ① 1分間あたりの呼の生起確率 $\lambda=10/60$，12分間に呼の発生しない確率：$p_0(t)$ および1呼発生する確率：$p_1(t)$ を $(\lambda t=12×1/6=2)$ を式(2.2)に代入して求める．2呼以上が生起する確率は $1-\{p_0(t)+p_1(t)\}$ で求められる．$1-3e^{-2}=0.594$．
② 式(2.4)に $(\lambda t=6×1/6=1)$ を代入．$1-1/e=0.63$．
（11） ① 1分あたりの呼の終了率：1/3．保留時間が6分を超える確率＝6分以内に呼が終了しない確率であるから，式(2.5)に $\mu t=2$ を代入．
② 6呼の1分あたりの終了率は2，平均時間は1/終了率，すなわち0.5分．
（12） ① 平均台数＝$50×3/60=2.5$ 台．
② リトルの公式，式(2.23)から $W=L/\lambda$，$1.2×60/50=1.44$ 分．
（13） 1台の電話機の使用率が10％，発信と着信の割合は各50％であるから，電話機あたりの発着呼量はそれぞれ0.05 erl となる．そして，すべての電話機に均等に接続が行われ，呼損率を0.01と仮定すると，以下のようになる．
① 交換機AからBに向かう呼を運ぶ中継線とBからAに向かう呼を運ぶ中継線をそれぞれ分離して設ける方式（片方向回線）では，A局からB局への呼量は，$0.05×1000÷2=25$ erl となり，付表のErlangの損失負荷表から必要な回線数は36回線と求められる．同様にしてB局からA局への回線数も36回線となる．したがって，全回線数は72回線となる．
② A局とB局の間の中継線に両方向回線を用いる場合には，上り・下りの呼量を一緒にして考えればよいので，総呼量は50 erl となり，必要な中継線数は，同様に付表から64回線と求められる．したがって，両方向回線を使用すると，大群化効果により72回線から64回線に経済化できることがわかる．ただし，両方向回線とする場合には，発信呼と着信呼が同時に一つの回線に加わることのないように，衝突防止の設備を考慮する必要がある．
（14） ① 全発信呼量は400 erl，「0発信」呼量は40 erl，呼損率0.01，ここで付録1から，呼損率0.01で40より大きい最小の値の出ている欄を見ると53回線が必要であることがわかる．
② 53回線に80 erlが加わるときの呼損率は式(2.14)から求められる．$B=0.358$．
（15） この問題は，入数線 n が有限で，空き入線あたりの生起率が ν となるモデルに該当し，2.5.4項 b.に述べた $M(n)/M/S(0)$ を利用する．すなわち，$n=4$，$\nu=2/60$，

$h=3$, $s=2$ の場合である．

式 (2.22) から $B=0.0226$, また加わる呼量と呼損率の関係はつぎの式で表され，
$$a_0=\frac{a_c}{1-B}=\frac{n\nu h}{1+\nu h(1-B)}$$
$a_0=0.364$ erl となる．

また，回線の使用能率は，出線1回線の運ぶ呼量であり，
$$\eta=\frac{a_c}{s}=(1-B)\frac{a_0}{s}$$
で表されるので，$\eta=17.8\%$ となる．

（16） 交換機の制御上，固定的に0.5秒のオーバヘッドを考慮すると，発信レジスタに許容される待ち時間は2.5秒となる．式 (2.33) において，$M(2.5秒)\leqq 1/100$ を満足する s を求める問題である．$M(0)$ は，式 (2.29) から求めるが，呼量 a は $3000\times 12\times 1/3600=10$ erl となり，s の目安として付表のErlangの損失負荷表を利用して，10 erl，0.02 を満足する値として17を得る．これらの値および $t=2.5$, $h=12$ から $M(0)=0.0309$, $M(2.5秒)=0.0072$ となり，基準を満たすので，$s=17$ となる．なお，平均待ち時間は式 (2.31) から $W=0.053$ 秒となり，交換機の制御オーバヘッドを加えて，平均遅延時間は0.553秒となる．

（17） ユーザ（入線）数が十分大きいからポアソン入力と考えれば，待時式 $M/M/S$ となる．加わる呼量は $a=\{600\times 12/(8\times 60)-15\}$erl で，式 (2.29) から $M(0)=0.1604$, よって，平均待ち時間は式 (2.31) から $W=23.1$ 秒．待ち時間が6分を超える確率は式 (2.33) から $M(6分)=0.0132$.

第3章

（1） PCMの基本原理は図3.4を用いて説明する．つぎに，標準PCM方式では，音声信号（最高4 kHz）を8 kb/sのパルス列でサンプリングし，8ビット符号化することにより $8\times 8=64$ kb/sのPCM符号となる．この際，音声信号に必要なダイナミックレンジに対して，量子化雑音を信号に対して十分小さくするよう15折線圧伸特性による非直線符号化により，小振幅時において13ビット直線符号化と同程度の特性が得られるようになっている．

（2） 図3.8およびそれについての説明を参照．

（3） 空間スイッチ (S) については，図3.10とその説明を，時間スイッチ (T) については，図3.9とその説明を参照のこと．

（4） 加入者線交換機において，電話機対応に設置される加入者回路に必要とされる機能をその頭文字で表したもので，3.2.5項に示すa.からd.までの機能を列挙する．各機能の英語で記述したものは，図3.11参照．

（5） 図3.14およびそれに続く説明を参照．

第4章

（1） 4.1.2項 e. 参照．
（2） 4.2.1項参照．
（3） 式 (4.4) および式 (4.5) とそれに関する説明．
（4） 7ビット以下．
（5） 図4.12 および表4.1 を示し，4.2.5項 c. の説明を述べる．
（6） (a) 呼処理：レイヤ4～7，(b) 信号のルート選択：レイヤ3，(c) 誤り制御：レイヤ2，(d) STPへの負荷分散：レイヤ3．
（7） 4.4.2項 a. 参照．
（8） インターネット層 (IP) は，シンプルで，コネクションレス形で，ベストエフォート形のデータグラムプロトコルである．IPは，自分が利用する下位階層に対するフロー制御，信頼性，エラー回復メカニズムを，いっさいもっていない．IPは，信頼性に関連するデータ配信の仕事を，すべて上位階層に任せている．IP層は，上位のトランスポート層から，送信要求として送るべきTPパケットと相手コンピュータ（ホスト）の識別子であるIPアドレスを受け取り，パケット・カプセル化によりIPデータグラムを構成し，下位のネットワーク層に送出する．IP層において，個々のネットワークサービスをインターネットデータグラムサービスに統一化することにより，インターネット環境で途中のネットワークの差異を吸収して発信ホストから着信ホストまでの透過な道をつくる．また，インターネット層は，下位層より送られてきたIPデータグラムに対して，その有効性のチェックやヘッダ処理を行い，経路制御アルゴリズムによりそれを内部処理するか，さらに別のホストに転送するかを決定する．

　TCPは，トランスポート層においてアプリケーションプログラム間（エンド-エンド）に信頼性のあるデータ転送モードをサポートするコネクション型のプロトコルである．TCPは，アプリケーション層からの指示により，着信側のアプリケーション層との間にコネクションを設定する．その後，アプリケーション層からのデータを区切り，それに制御情報が入ったTCPヘッダを付加して，セグメントとよばれる伝送単位ごとにパッケージ化して，着信側ホスト上のTCPモジュールに送るようにIPモジュールに要請する．

　TCPは，通信における信頼性を保証するために，セグメントの損傷（データ誤り），消失，重複，到着セグメントの順番のずれなどを検出できる機能を有している．この機能を実現するために，セグメントの順序番号，誤り検出符号 (checksum)，受信側の確認応答 (ACK)，タイマーによる再送，を行っている．また，送受信間で歩調を合わせて受信バッファオーバフローなどが起こらないようにフローコントロールとしてウィンドウコントロールを用いている．

（9） 図4.32 および表4.3 を示し，それについて説明する．
（10） 図4.34 およびそれに関する説明参照．
（11） 表4.3 およびそれに関する説明参照．さらに4.5.2項 b. の説明を加える．

(12) 図4.38およびそれに関する説明参照.
(13) 4.6.2項参照.(図4.41および図4.42も記述する)
(14) 4.6.3項参照.

第5章
（1）蓄積プログラム制御による電子交換方式では，図5.1に示すように中央処理系と通話路系で構成され，通話路系の各周辺装置は，それ自体は処理機能をもたず，電話機や回線からの信号を中央処理系に伝達し，中央処理系からの制御に従って動作する．中央処理系はコンピュータを主体に構成されており，制御機能をソフトウェア（プログラム）により実現しているので，複雑・高級な機能を経済的に実現できるのみならず，その追加・変更も容易である．また，故障の検出や自動診断などの高度な機能を具備することができる．
（2）図5.3およびそれに関する説明参照.
（3）5.2.4項参照.
（4）図5.5を示し，5.3.2項a.の内容を述べる.

第6章
（1）図6.2参照.
（2）ディジタル電話交換機は，アナログ電話機を収容し，交換機内においてディジタル信号に変換して交換を行っているが，ISDN交換機では，加入者宅内までディジタル回線を伸ばし，基本インタフェースでは2B+Dのインタフェースにより，Bチャネルを同時に2回線使用することができるとともに，Dチャネルを用いて呼制御信号を通話回線と分離して伝送できる．交換モードも，電話交換に加えてデータ用の回線交換，パケット交換が総合化され，呼ごとに選択できるようになっている．さらに，ディジタル電話交換機では，端末機相互間で扱う情報は音声帯域のアナログ情報であるが，ISDN交換機に収容された端末機では，エンド-エンド間にディジタル情報を転送できるリンクを設定することができる．
（3）表6.1参照.
（4）スイッチング容量あるいはスループットで表現し，Gb/sが使用される．（回線交換では回線数で，パケット交換ではパケット/秒が使われるが，ATMではマルチメディア情報を取り扱うので，スループットが使われる）.
（5）図6.12およびそれに関する説明参照.

第7章
（1）多元速度交換.
（2）疎結合形マルチプロセッサ方式.
（3）図7.6およびそれに関する説明参照.

第8章

（1） 図8.1およびそれに関する説明参照．

（2） 初期のインテリジェントネットワークでは，交換機（伝達ノードとよぶ）とNSPとのインタフェースが「問合せ/応答」という形態であったのに比べて，高度インテリジェントネットワークでは，「サービスによらないトリガ/指示型」の標準インタフェースで接続することに変わっている．さらに，高度インテリジェントネットワークでは，交換機に機能追加をせずに新サービスを提供できるように，新しいネットワークアーキテクチャに従って，新サービス対応制御機能をネットワークの上位レイヤに高機能ノードとして配置し，この高機能ノードから交換機（伝達ノードとよぶ）にサービス提供操作の指示を与える新しい技術が採用されている．このような技術により，サービス開発工数を削減しつつ，より柔軟に，より早く，カスタマイズされた多様な新規サービスを提供できるようになっている．

（3） 図8.7およびそれに関する説明参照．

（4） 図8.8およびそれに関する説明参照．

（5） 図8.9(a)およびそれに関する説明参照．実現できる機能は，WDMにおける光波多重機能，光分波機能，光アッドドロップ機能，波長インタコネクション機能．

参 考 文 献

1) 秋丸春夫・池田博昌：現代交換システム工学，オーム社 (1989).
2) 秋山　稔：情報交換システム，丸善 (1998).
3) 五嶋一彦：情報通信網〈電子・情報通信基礎シリーズ8〉，朝倉書店 (1999).
4) 電子情報通信学会編：電子情報通信工学ハンドブック，オーム社 (1988).
5) 電子情報通信学会編：電子情報通信ハンドブック，オーム社 (1998).
6) 情報通信技術ハンドブック編集委員会編：情報通信技術ハンドブック，オーム社 (1987).
7) 楠　菊信・馬渡賢治：情報通信ネットワーク工学，オーム社 (1985).
8) 五嶋一彦・池田博昌：ディジタル統合．電子情報通信学会誌，**61** (4), 369-375 (1978).
9) 秋丸春夫・クーパーR.B.：通信トラヒック工学，オーム社 (1985).
10) 秋丸春夫・川島幸之助：情報通信トラヒック，電気通信協会 (1990).
11) 池田博昌・石川　宏編：ディジタル通信ネットワーク，昭晃堂 (1989).
12) 畔柳功芳・塩谷　光：通信工学通論〈電子情報通信学会大学シリーズ F-1〉，コロナ社 (1994).
13) 三宅　功編，石川　宏監修：ATMネットワークバイブル，オーム社 (1995).
14) 青木利晴・青山友紀・濃沼健夫監修：広帯域 ISDN と ATM 技術，電子情報通信学会 (1995).
15) 宮川　洋・岩垂好裕・今井秀樹：符号理論，昭晃堂 (1973).
16) 岡田博美：情報ネットワーク〈電子・情報工学講座 1-6〉，培風館 (1994).
17) 田畑孝一：OSI―明日へのコンピュータネットワーク―，日本規格協会 (1988).
18) CCITT Red Book : Specifications of Signalling System No. 7, Recommendations Q701-Q714, Q721-Q795 (1984).
19) 愛澤慎一・加納貞彦：やさしい共通線信号方式〈やさしい INS 技術シリーズ〉，電気通信協会 (1987).
20) 飯塚久夫・石川秀樹編著：続やさしい共通線信号方式〈やさしい INS 技術シリーズ〉，電気通信協会 (1992).
21) 電気通信協会編：DDXデータ交換の基礎知識 (改訂版)，オーム社 (1986).
22) 西田竹志：TCP/IP―ネットワーク・プロトコルとインプリメント―，ソフト・リサーチ・センター (1989).
23) 葉原耕平・井上伸雄：ディジタル総合網〈ディジタルコミュニケーションシリーズ〉，産業図書 (1989).

24) CCITT Red Book : Integrated Services Digital Network (ISDN), Recommendations of the Series I (1984).
25) 沖見勝也・加納貞彦・井上友二：ISDN-Iシリーズ国際標準とその技術, 電気通信協会 (1987).
26) 池田佳和・松本　潤・藤岡雅宜 (秋山　稔監修)：ISDN絵とき読本, オーム社 (1988).
27) 池田博昌・花澤　隆：ISDN Q&A〈ISDN入門シリーズ10〉, コロナ社 (1992).
28) Saito, H. : Teletraffic Technologies in ATM Networks, Artech House (1994).
29) Chiong, J. A. (林田明文監訳, 阿瀬はる美訳)：ATMプロトコル徹底解説, 日経BP社 (1998).
30) 篠原誠之：ATMフォーラム・TM (Traffic Management) 技術の最新動向, 第2回技術講演会, ATM日本委員会 (1998).
31) 清水　洋・鈴木　洋：ATM-LAN, ソフト・リサーチ・センター (1995).
32) Saito, H. : Bandwidth Management for AAL2 Traffic, IEEE Trans. *Vehicular Tech.* (in press).
33) 高村真司・川島　浩・中島汎仁：電子交換プログラム入門, 電子通信学会 (1982).
34) 五嶋一彦・池田博昌・井上伸雄：ディジタル電話市外系システムDTS-1の方式構成. 通研実報, **28** 1231-1244 (1979).
35) 池田博昌・伊吹十之・倉橋和夫：ディジタル中継線交換機の方式構成. 通研実報, **31** (5), 889-898 (1982).
36) 秋山　稔・五嶋一彦・島崎誠彦：ディジタル電話交換〈ディジタルコミュニケーションシリーズ〉, 産業図書 (1986).
37) 千葉正人監修：ディジタル交換方式, 電子情報通信学会 (1986).
38) 五嶋一彦・松尾勇二：D60/70ディジタル交換方式. 電子通信学会誌, **67** (5), 501-523 (1984).
39) 佐藤隆昭・福田晴幸・俵　寛二・田中公紀・中村雅夫：容量の倍増と装置の小形化で経済的な中継網を構築. NTT技術ジャーナル, **2** (11), 57-60 (1990).
40) 清水　博・中村武則・冨山義夫・大川佳紀：ディジタル加入者線交換機の改良高度化. NTT技術ジャーナル, **5** (10), 40-43 (1993).
41) 池田博昌・塚田啓一・木村英俊・江川哲明：INS伝達システム. 通研実報, **36** (8), 967-975 (1987).
42) 上野隆男・福田晴幸・土橋忠彦・三瓶　健：Iインタフェース交換システムのハードウェア構成. 通研実報, **36** (8), 977-983 (1987).
43) 田中公紀・是永喜男・福田高秋・近藤文夫：Iインタフェース交換システムのソフトウェア構成. 通研実報, **36** (8), 985-994 (1987).
44) 鈴木滋彦：新ノードシステムの開発. NTT R&D, **45** (6), 497-506 (1996).
45) 鈴木滋彦・石川　宏：新ノードシステムとマルチメディア時代のネットワーク.

NTT 技術ジャーナル, 8 (9), 8-16 (1996).
46) 千葉由一・早川　映・脇村慶明・岩瀬康政：新ノード狭帯域系・アクセス系ハードウェア技術. NTT R&D, **45** (6), 515-524 (1996).
47) 大西廣一・矢代善一・宇敷辰男：新ノード広帯域系ハードウェア技術. NTT R&D, **45** (6), 525-533 (1996).
48) 内山　徹・太田直久・渡辺一男・今井和雄：改良形 D50 交換方式. 通研実報, **33** (10), 2353-2367 (1984).
49) 有田武美・太田直久・今井和雄・渡部直也：改良形 D50 交換機通話路系装置, 通研実報, **33** (10), 2369-2382 (1984).
50) 石野福彌・砥波修一・門田充弘・大山　茂：大容量パケット交換方式. 通研実報, **35** (5), 461-469 (1986).
51) 鈴木滋彦監修：高度インテリジェントネットワーク, 電子情報通信学会 (1999).
52) 弓場英明・佐藤清実・今川　仁・鈴木孝至・田中　豪：新ノード高度 IN 技術. NTT R&D, **45** (6), 559-568 (1996).
53) 倉本　実・渡辺邦夫・江口真人・結城主央巳・小川圭祐：大容量自動車電話方式. 電子情報通信学会誌, **71** (10), 1011-1022 (1988).
54) 石川　宏監修, 行松健一編著：光スイッチング技術入門, 電気通信協会 (1993).
55) 行松健一：光スイッチングと光インターコネクション, 共立出版 (1998).
56) 鈴木扇太：アレー導波路回折格子 (AWG) デバイス, 電子情報通信学会誌, **82** (7), 746-752 (1999).
57) 葉原敬士・三条広明・西沢秀樹・小川育生・須崎泰正：波長ルーチング型大容量パケットスイッチの開発. 電子情報通信学会信学技報, SSE 99-148/OCS 99-110 (2000-02).

付　　　録

1. Erlangの損失式負荷表

a [erl]

S \ B	0.001	0.003	0.005	0.01	0.02	0.03
1	0.0010	0.0030	0.0050	0.0101	0.0204	0.0309
2	0.0458	0.0806	0.1054	0.1526	0.2235	0.2816
3	0.1938	0.2885	0.3490	0.4555	0.6022	0.7151
4	0.4393	0.6021	0.7012	0.8694	1.0923	1.2589
5	0.7621	0.9945	1.1320	1.3608	1.6571	1.8752
6	1.1459	1.4468	1.6218	1.9090	2.2759	2.5431
7	1.5786	1.9463	2.1575	2.5009	2.9354	3.2497
8	2.0513	2.4837	2.7299	3.1276	3.6271	3.9865
9	2.5575	3.0526	3.3326	3.7825	4.3447	4.7479
10	3.0920	3.6480	3.9607	4.4612	5.0840	5.5294
11	3.6511	4.2661	4.6104	5.1599	5.8415	6.3280
12	4.2314	4.9038	5.2789	5.8760	6.6147	7.1410
13	4.8305	5.5588	5.9638	6.6072	7.4015	7.9667
14	5.4464	6.2290	6.6632	7.3517	8.2003	8.8035
15	6.0772	6.9129	7.3755	8.1080	9.0096	9.6500
16	6.7215	7.6091	8.0995	8.8750	9.8284	10.5052
17	7.3781	8.3164	8.8340	9.6516	10.6558	11.3683
18	8.0459	9.0339	9.5780	10.4369	11.4909	12.2384
19	8.7239	9.7606	10.3308	11.2301	12.3330	13.1150
20	9.4115	10.4958	11.0916	12.0306	13.1815	13.9974
21	10.1077	11.2389	11.8598	12.8378	14.0360	14.8853
22	10.8121	11.9893	12.6349	13.6513	14.8959	15.7781
23	11.5241	12.7465	13.4164	14.4705	15.7609	16.6755
24	12.2432	13.5100	14.2038	15.2950	16.6306	17.5772
25	12.9689	14.2795	14.9968	16.1246	17.5046	18.4828
26	13.7008	15.0545	15.7949	16.9588	18.3828	19.3922
27	14.4385	15.8347	16.5980	17.7974	19.2648	20.3050
28	15.1818	16.6199	17.4057	18.6402	20.1504	21.2211
29	15.9304	17.4097	18.2177	19.4869	21.0394	22.1402
30	16.6839	18.2039	19.0339	20.3373	21.9316	23.0623
31	17.4420	19.0023	19.8539	21.1912	22.8268	23.9870
32	18.2047	19.8047	20.6777	22.0483	23.7249	24.9144
33	18.9716	20.6108	21.5050	22.9087	24.6257	25.8442
34	19.7426	21.4205	22.3356	23.7720	25.5291	26.7763
35	20.5174	22.2337	23.1694	24.6381	26.4349	27.7106
36	21.2960	23.0501	24.0063	25.5070	27.3431	28.6470
37	22.0781	23.8697	24.8461	26.3785	28.2536	29.5854
38	22.8636	24.6922	25.6887	27.2525	29.1661	30.5258
39	23.6523	25.5177	26.5340	28.1288	30.0808	31.4679
40	24.4442	26.3459	27.3818	29.0074	30.9973	32.4118
41	25.2391	27.1767	28.2321	29.8882	31.9158	33.3574
42	26.0369	28.0101	29.0848	30.7712	32.8360	34.3046
43	26.8374	28.8460	29.9397	31.6561	33.7580	35.2533
44	27.6407	29.6842	30.7969	32.5430	34.6817	36.2035
45	28.4466	30.5247	31.6561	33.4317	35.6069	37.1551
46	29.2549	31.3674	32.5175	34.3223	36.5337	38.1081
47	30.0657	32.2122	33.3807	35.2146	37.4619	39.0624
48	30.8789	33.0591	34.2459	36.1086	38.3916	40.0180
49	31.6943	33.9080	35.1129	37.0042	39.3227	40.9748
50	32.5119	34.7588	35.9818	37.9014	40.2551	41.9327

a [erl]

S \ B	0.001	0.003	0.005	0.01	0.02	0.03
51	33.3316	35.6114	36.8523	38.8001	41.1889	42.8919
52	34.1533	36.4659	37.7245	39.7003	42.1238	43.8521
53	34.9771	37.3221	38.5983	40.6019	43.0600	44.8134
54	35.8028	38.1800	39.4737	41.5049	43.9973	45.7758
55	36.6304	39.0396	40.3506	42.4092	44.9358	46.7391
56	37.4599	39.9007	41.2290	43.3149	45.8754	47.7034
57	38.2911	40.7634	42.1089	44.2218	46.8160	48.6687
58	39.1241	41.6276	42.9901	45.1299	47.7577	49.6348
59	39.9587	42.4933	43.8727	46.0392	48.7004	50.6019
60	40.7950	43.3604	44.7566	46.9497	49.6441	51.5698
61	41.6328	44.2290	45.6418	47.8613	50.5887	52.5385
62	42.4723	45.0988	46.5283	48.7740	51.5342	53.5081
63	43.3132	45.9700	47.4160	49.6878	52.4807	54.4784
64	44.1557	46.8425	48.3049	50.6026	53.4280	55.4496
65	44.9995	47.7163	49.1949	51.5185	54.3762	56.4214
66	45.8448	48.5912	50.0861	52.4353	55.3252	57.3940
67	46.6915	49.4674	50.9783	53.3531	56.2750	58.3673
68	47.5395	50.3447	51.8717	54.2718	57.2256	59.3413
69	48.3888	51.2232	52.7661	55.1915	58.1770	60.3160
70	49.2394	52.1028	53.6615	56.1120	59.1291	61.2913
71	50.0913	52.9835	54.5579	57.0335	60.0820	62.2673
72	50.9444	53.8653	55.4554	57.9558	61.0355	63.2439
73	51.7987	54.7480	56.3537	58.8789	61.9898	64.2211
74	52.6542	55.6319	57.2530	59.8028	62.9448	65.1989
75	53.5108	56.5167	58.1533	60.7276	63.9004	66.1773
76	54.3685	57.4025	59.0544	61.6531	64.8567	67.1562
77	55.2274	58.2892	59.9564	62.5794	65.8136	68.1358
78	56.0873	59.1769	60.8593	63.5065	66.7712	69.1158
79	56.9483	60.0655	61.7630	64.4343	67.7293	70.0964
80	57.8104	60.9550	62.6676	65.3628	68.6881	71.0775
81	58.6734	61.8454	63.5729	66.2920	69.6474	72.0591
82	59.5375	62.7366	64.4791	67.2219	70.6073	73.0412
83	60.4025	63.6287	65.3860	68.1524	71.5678	74.0238
84	61.2685	64.5216	66.2937	69.0837	72.5288	75.0069
85	62.1354	65.4154	67.2021	70.0156	73.4904	75.9904
86	63.0033	66.3099	68.1113	70.9481	74.4525	76.9744
87	63.8721	67.2052	69.0212	71.8812	75.4151	77.9589
88	64.7417	68.1013	69.9318	72.8150	76.3782	78.9438
89	65.6123	68.9982	70.8431	73.7494	77.3418	79.9291
90	66.4837	69.8958	71.7551	74.6843	78.3059	80.9149
91	67.3559	70.7941	72.6677	75.6198	79.2705	81.9010
92	68.2290	71.6931	73.5811	76.5560	80.2356	82.8876
93	69.1029	72.5929	74.4950	77.4926	81.2011	83.8746
94	69.9776	73.4933	75.4096	78.4298	82.1671	84.8619
95	70.8531	74.3944	76.3248	79.3676	83.1335	85.8497
96	71.7294	75.2962	77.2407	80.3059	84.1003	86.8378
97	72.6064	76.1987	78.1571	81.2447	85.0676	87.8263
98	73.4842	77.1018	79.0741	82.1840	86.0353	88.8151
99	74.3627	78.0055	79.9917	83.1238	87.0035	89.8043
100	75.2420	78.9099	80.9099	84.0642	87.9720	90.7939

2. カタカナコード表

上位\下位	0	1	2	3	4	5	6	7	8	9	A	B	C	D	E	F
0	NUL	DLE	スペース	0	@	P	`	p	━	┴	スペース	─	タ	ミ		✕
1	SOH	DC1	!	1	A	Q	a	q	▬	┬	。	ア	チ	ム		円
2	STX	DC2	"	2	B	R	b	r	▬		「	イ	ツ	メ		年
3	ETX	DC3	#	3	C	S	c	s		├	」	ウ	テ	モ		月
4	EOT	DC4	$	4	D	T	d	t	▬		、	エ	ト	ヤ	◤	日
5	ENQ	NAK	%	5	E	U	e	u	▬		・	オ	ナ	ユ	◣	時
6	ACK	SYN	&	6	F	V	f	v	▬		ヲ	カ	ニ	ヨ	◥	分
7	BEL	ETB	'	7	G	W	g	w	▬		ァ	キ	ヌ	ラ	◢	秒
8	BS	CAN	(	8	H	X	h	x	│	┌	ィ	ク	ネ	リ	♠	〒
9	ET	EM	)	9	I	Y	i	y	▌		ゥ	ケ	ノ	ル	♥	市
A	LF	SUB	*	:	J	Z	j	z	▐		ェ	コ	ハ	レ	♦	区
B	VT	ESC	+	;	K	[	k	{	▬		ォ	サ	ヒ	ロ	♣	町
C	FF	→	,	<	L	¥	l	|	▬	┐	ャ	シ	フ	ワ	●	村
D	CR	←	-	=	M	]	m	}	▬		ュ	ス	ヘ	ン	○	人
E	SO	↑	.	>	N	^	n	~	▬		ョ	セ	ホ	゛	/	
F	SI	↓	/	?	O	_	o	DEL	▬		ッ	ソ	マ	゜	\	

3. 略語一覧

AAL	: ATM adaptation layer		layer
ABR	: available bit rate	CRC	: cyclic redundancy code
ACK	: acknowledgement	CS	: common channel signaling system
ACR	: actual cell rate	DCE	: data circuit terminating equipment
ADSL	: asymmetrical digital subscriber line	DMA	: direct memory access
		DNS	: domain name system
AIN	: advanced intelligent network	DRAM	: dynamic random access memory
ATM	: asynchronous transfer mode	DSU	: digital service unit
BHC	: busy hour call	DTE	: data terminal equipment
B-ISDN	: broadband ISDN	DUP	: data user part
CAC	: call admission control	FCS	: frame check sequence
CBR	: continuous bit rate	FIFO	: first in first out
CCITT	: Comité Consultatif International des Télégraphique et Téléphonique (=ITU-T) → p. 12 脚注参照	FQDN	: fully qualified domain name
		FTP	: file transfer protocol
		FTTH	: fiber to the home
CDMA	: code division multiple access	GC	: group center
CLP	: cell loss priority	GFR	: guaranteed frame rate
CPCS	: common part convergence sub-	HDLC	: high-level data link control proce-

HEC	: header error check	PHS	: personal handy-phone system
IAM	: initial address message	PL	: pay load
IDN	: integrated digital network	PLC	: planar lightwave circuit
IN	: intelligent network	PVC	: permanent virtual circuit
IP	: internet protocol	QOS	: quality of service
IROS	: interface for realtime operating system	RM	: resource management
		RSBM	: remote subscriber module
		RSO	: random service order
ISDN	: integrated services digital network	RT	: remote terminal equipment
		SAPI	: service access point identifier
ISM	: I-interface subscriber module	SAR	: segmentation and reassembly
ISO	: International Organization for Standardization	SCE	: service creation environment
		SCR	: sustain able cell rate
ISUP	: ISDN user part	SDH	: synchronous digital hierarchy
ITU-T	: International Telecommunications Union-Telecommunication	SLC	: subscriber line circuit
		SMS	: service management system
IX	: internet exchange	SMTP	: simple mail transfer protocol
LAN	: local access network	SPC	: stored program control
LAPD	: link access procedure for D-channel	STM	: synchronous transfer mode
		STP	: signal transfer point
LC	: line concentrator	SZC	: special zone center
LR	: loudness rating	TCP	: transmission control protocol
LSI	: large scale integrated circuit	TEI	: terminal endpoint identifier
MBS	: maximum burst size	TELNET	: telecommunication network protocol
MCR	: minimum cell rate		
MFS	: maximum frame size	TFTP	: trivial file transfer protocol
MOS	: mean opinion score	TRK	: trunk circuit
MSB	: most significant bit	TUP	: telephone user part
MTP	: message transfer part	UBR	: unspecified bit rate
NAK	: negative acknowledgement	UDP	: user datagram protocol
N-ISDN	: narrow band ISDN	UPC	: usage parameter control
NSP	: network service control point	VBR	: variable bit rate
NSSP	: network service support point	VC	: virtual channel
OS	: operating system	VCI	: virtual channel identifier
OSI	: open systems interconnection	VLSI	: very large scale integrated circuit
PAD	: packet assembly and disassembly	VP	: virtual path
PAM	: pulse amplitude modulation	VPI	: virtual path identifier
PBX	: private branch exchange	WDM	: wavelength division multiplex
PCM	: pulse code modulation	WLC	: wired logic control
PCR	: peak cell rate	WWW	: world-wide web
PHM	: packet handler module	ZC	: zone center

索 引

あ 行

アドレス信号 83
アナログ交換 6
アプリケーション層 772
網状網 2
誤り検出符号 69
誤り制御 69
誤り制御符号 69
誤り訂正符号 69
アーラン 30
　──の損失式 34, 188
アーランB式 34
アーランC式 39
アーラン分布 34
アレー導波路回折格子 173
安定品質 25

位相同期 50
1次群インタフェース 99
位置登録 169
一般端末 88
インターネット 10
インターネット交換機 159
インターネットシステム 157
インターネット層 93
インターネットプロトコル 92
インテリジェントネットワーク 161

ウィンドウサイズ 74
ウィンドウ制御 74
迂回中継 21

エコーキャンセラ伝送方式 102
遠隔集線装置 134
遠隔収容装置 139
遠近回転法 21
エングセットの損失式 37

応答時間 37
押しボタンダイヤル信号 65

か 行

回線交換方式 25
回線終端装置 87
階層化 76
回転ダイヤル 65
開放型システム 77
開放番号方式 19
下位レイヤ 77
加入者回路 51
加入者線信号方式 62
聞けつ故障 129
監視信号 62
監視方式 72
完全線群 32

機能分散方式 121
基本インタフェース 99
基本OS 143
基本参照モデル 76
共通制御 117
共通制御方式 5
共通線信号方式 63, 78
共通線信号網 84
共通リソース型スイッチ 60
局間信号方式 62
緊急レベル制御 124

空間スイッチ 47
空間分割型通話路 41
空間分割変換 6
クロスコネクト 110
クロスバ交換方式 5
クロックレベル制御 124

携帯電話 169
系内時間 37
ケンドールの記号 32

呼 16, 30
高機能レイヤ 142
交互監視方式 72
格子スイッチ 41

高度インテリジェントネットワーク 161
故障診断 130
故障率 25
呼数密度 30
呼損率 24
固定故障 129
コネクション形 27, 94
コネクションレス形 27, 94
呼量 30
コンバージェンス層 113

さ 行

再開処理 129
再送訂正 69
サービス総合ディジタル網 12
サービス率 31
サンプリング 45

時間スイッチ 47
自己訂正 69
自己ルーチング 56
自動交換機 4
自動車電話サービス 169
時分割変換 7
従属同期方式 50
周波数同期 50
周波数分割方式 103
終了率 31
手動交換機 4
巡回符号 67, 70
上位レイヤ 77
状態遷移図 33, 125
信号方式 62
新サービス制御局 162

垂直パリティ方式 69
水平垂直パリティ方式 67, 69
水平パリティ方式 69
スタートビット 67
スターネットワーク 2
ステージ分割制御方式 139
ステップバイステップ方式 4

索 引

ストップビット 67

制御系システム 16
生起率 31
生成多項式 70
セグメンテーション層 113
セッション層 77
接続遅延 24
セル 108
セル交換 26
選択再送方式 74
選択信号 62

走査 121
即時式 32
疎結合方式 122

た 行

待時式 32
ダイナミックルーチング 22
ダイヤルパルス 65
多元速度交換 153
多重LAP 104
単独制御 117
単独制御方式 6

チェックビット多項式 70
蓄積交換方式 25
蓄積プログラム制御方式 6, 118
調歩同期方式 67
直線符号化 45

追跡交換制御 169
通信機能 77
通信トラヒック理論 29
通信品質 22
通話中チャネル切換え 172
通話品質 22
通話路系システム 16

ディジタル交換 7
ディジタル統合網 9
ディジタルフィルタ 54
適応ルーチング 21
データグラム 27
データリンク層 77
電気物理層 77
電磁交換機 4
伝送制御手順 67

伝送品質 23
伝達機能 77
伝達レイヤ 142

同期多重変換装置 134
同期端末 67
同期転送モード 15
統計的平衡状態 33
統合網 8
同時監視方式 72
到着順処理 39
ドメイン名 96
トラヒック理論 29
トランク回路 52
トランザクション機能 80
トランスポート層 77, 94

な 行

2段リンク接続回路網 43

ネットワーク層 77, 92

は 行

ハイウェイ 46
ハイブリッド機能 64
パケット交換 26
パケット端末 89
バーチャルサーキット 27
バーチャルチャネル 109
バーチャルパス 109
発信音遅延 24
バニヤンスイッチ 57
パリティチェック符号 69
番号計画 19
ハンドオーバ 172
ハンドオフ 172

光交換システム 173
光パケットスイッチ 175
非対応網構成 85
非直線符号化 45
非同期端末 67
非同期転送モード 14
非閉塞スイッチ回路網 42
非マルコフモデル 33
標本化定理 45
ピンポン伝送方式 102

フェーズ1再開 129
フェーズ2再開 129

フェーズ3再開 130
不稼働率 25
負荷分散方式 121
不完全線群 32
符号誤り時間率 23
符号多項式 70
布線論理制御 6
布線論理方式 117
フラグ同期方式 67, 68
フリーダイヤル 19, 162
プレゼンテーション層 77
プレーナ光波回路 173
フレーム同期 46
フロー制御 74
プロトコル 75

ベアラレート 88
閉鎖番号方式 19
ベーシック手順 67
ベストエフォート形 11, 93
ベースレベル制御 125

ポアソン分布 31
星状網 2
保留時間 30

ま 行

マルコフモデル 33
マルチプロセッサシステム 121

密結合方式 122
ミニマムポーズ 65
見逃し誤り率 69

メーク率 65
メッシュネットワーク 2
メッセージ交換 26
メッセージ転送部 80

網状網 2
網同期 50

や 行

ユーザ部 80
ユーザ・網インタフェース 99

ら 行

ラウドネス定格 22
ランダム生起 31

索 引

リトルの公式　37
量子化雑音　45
リングトリップ　64

ルーチング　19, 21

ローテーション方式　129

欧　文

AAL1　114
AAL2　115
AAL5　114
AAL層　108, 113
ABR　112
ACK　72
ACR　112
ADSL　104, 160
ARPA　10
ATM　14
ATMアダプテーション層　108
ATMコネクション識別子　110
ATMスイッチ　56
ATM層　108
AWG　173

Bチャネル　99
Bチャネルパケット　107
Banyanスイッチ　57
Batcherソーティング網　58
Batcher-Banyanスイッチ　58
BHC　31
B-ISDN　15
BORSCHT　51

CAC　149
CBR　111
CCITT　12, 135
CHILL　135
CRC　70
CS　78

Dチャネル　99
Dチャネルパケット　107
DNS　96
DSU　99
DTE　87, 152

FIFO　39

FTP　96
FTTH　160

GA　3
GC　2
GFR　112
go-back-N方式　73

HDLC手順　67, 68

IAM　83
IDN　9
IPデータグラム　93
IROS　143
ISDN　12
ISM　138
ISO　76
ISUP　80
ITU-T　12, 20
IX　159

LAPB手順　89
LAPD　104
LSB　58

MBS　112
MCR　112
MHNシステム　141
$M/M/S$　37
$M/M/S(0)$　33
MSB　58
MTP　80

NAK　73
NIC　96
N-ISDN　13
NSP　162
NSSP　163

OCN　11, 159
OSI　76

PAD　27
PAM　45
PCM　44
PCM交換　8
PCR　111
%DM　23

%ES　23
%SES　23
PLC　173

QOS　22

RLC　134

S点インタフェース　100
SAPI　105
SCE　166
SCR　112
SMS　166
SMTP　96
STM　15
SYN同期方式　67
SZA　3
SZC　3

T点インタフェース　100, 101
TCM　102
TCP　94
TCP/IP　92
TEI　105
TELNET　95
TFTP　96
TUP　80

U点インタフェース　101
UBR　112
UDP　94
UPC　111, 149

VBR　111
VCスイッチング　111
VCI　110
VPシェーバ　149
VPスイッチング　111
VPI　110

WWW　11

X. 20　87
X. 21　87
X. 25　89

ZA　3
ZC　3

著者略歴

池田博昌（いけだ・ひろまさ）
1937年　大阪府に生まれる
1959年　大阪大学工学部通信工学科卒業
　　　　NTT交換システム研究所・LSI研究所，
　　　　大阪大学工学部を経て
現　在　東京情報大学教授
　　　　工学博士

電子・情報通信基礎シリーズ7

情報交換工学　　　　　　　定価はカバーに表示

2000年10月10日　初版第1刷
2013年3月25日　　第3刷

著　者　池　田　博　昌
発行者　朝　倉　邦　造
発行所　株式会社　朝　倉　書　店
　　　　東京都新宿区新小川町 6-29
　　　　郵便番号　162-8707
　　　　電　話　03(3260)0141
　　　　FAX　03(3260)0180
　　　　http://www.asakura.co.jp

〈検印省略〉

© 2000　〈無断複写・転載を禁ず〉　　平河工業社・渡辺製本

ISBN 978-4-254-22787-1　C3355　　Printed in Japan

JCOPY　〈(社)出版者著作権管理機構　委託出版物〉
本書の無断複写は著作権法上での例外を除き禁じられています．複写される場合は，そのつど事前に，(社)出版者著作権管理機構（電話 03-3513-6969，FAX 03-3513-6979，e-mail: info@jcopy.or.jp）の許諾を得てください．

好評の事典・辞典・ハンドブック

物理データ事典	日本物理学会 編	B5判 600頁
現代物理学ハンドブック	鈴木増雄ほか 訳	A5判 448頁
物理学大事典	鈴木増雄ほか 編	B5判 896頁
統計物理学ハンドブック	鈴木増雄ほか 訳	A5判 608頁
素粒子物理学ハンドブック	山田作衛ほか 編	A5判 688頁
超伝導ハンドブック	福山秀敏ほか 編	A5判 328頁
化学測定の事典	梅澤喜夫 編	A5判 352頁
炭素の事典	伊与田正彦ほか 編	A5判 660頁
元素大百科事典	渡辺 正 監訳	B5判 712頁
ガラスの百科事典	作花済夫ほか 編	A5判 696頁
セラミックスの事典	山村 博ほか 監修	A5判 496頁
高分子分析ハンドブック	高分子分析研究懇談会 編	B5判 1268頁
エネルギーの事典	日本エネルギー学会 編	B5判 768頁
モータの事典	曽根 悟ほか 編	B5判 520頁
電子物性・材料の事典	森泉豊栄ほか 編	A5判 696頁
電子材料ハンドブック	木村忠正ほか 編	B5判 1012頁
計算力学ハンドブック	矢川元基ほか 編	B5判 680頁
コンクリート工学ハンドブック	小柳 洽ほか 編	B5判 1536頁
測量工学ハンドブック	村井俊治 編	B5判 544頁
建築設備ハンドブック	紀谷文樹ほか 編	B5判 948頁
建築大百科事典	長澤 泰ほか 編	B5判 720頁

価格・概要等は小社ホームページをご覧ください．